ÖSTERREICHISCHE AKADEMIE DER WISSENSCHAFTEN

EMPFEHLUNGEN ZUR SCHREIBUNG
GEOGRAPHISCHER NAMEN
IN ÖSTERREICHISCHEN BILDUNGSMEDIEN

Herausgegeben von der

ARBEITSGEMEINSCHAFT FÜR KARTOGRAPHISCHE ORTSNAMENKUNDE
(AKO)

Bearbeitet von:

Lukas BIRSAK
Otto BACK
Michael DUSCHANEK
Isolde HAUSNER
Peter JORDAN
Ingrid KRETSCHMER (†)

Verlag der
Österreichischen Akademie
der Wissenschaften

ÖAW

Wien 2012

Vorgelegt von w.M. Heinz Fassmann in der Sitzung am 16. Dezember 2011

Zu dieser Publikation ist eine Website vorgesehen, um von der AKO beschlossene Aktualisierungen und Änderungen zu veröffentlichen. Nähere Angaben dazu finden Sie auf der AKO-Website <http://www.oeaw.ac.at/dinamlex/AKO/AKO.html>.

Die verwendete Papiersorte ist aus chlorfrei gebleichtem Zellstoff hergestellt, frei von säurebildenden Bestandteilen und alterungsbeständig.

ISBN 978-3-7001-7199-7

© 2012 by
Österreichische Akademie der Wissenschaften
Wien

Druck: Prime Rate kft., Budapest

http://hw.oeaw.ac.at/7199-7
http://verlag.oeaw.ac.at

Inhalt

Vorwort

„Die Wahl bestimmter Namenformen für geographische Objekte ist immer auch Ausdruck von persönlichen Gewohnheiten, wissenschaftlichen Überzeugungen, politischen Einstellungen und rechtlichen Rahmenbedingungen. Empfehlungen wie in dieser Publikation sollen solche individuelle Entscheidungen nicht unmöglich machen. Im redaktionellen, journalistischen oder schulischen Alltag greift man aber doch gern zu Standards, weil sich eine individuelle Entscheidung oft als schwierig erweist und Standards sowohl die Kommunikation erleichtern als auch den Arbeitsablauf beschleunigen." (Kapitel 3.3, S. 39)

Diese Sätze aus dem Allgemeinen Teil charakterisieren treffend den Zweck dieser Publikation. Sie soll einen Leitfaden anbieten, den man gern ergreift, weil man sonst umständliche Überlegungen anstellen müsste. Sie soll auch zu einer gewissen Einheitlichkeit in der Schreibweise geographischer Namen in österreichischen Schulatlanten und darüber hinaus zu einer wenn schon nicht einheitlichen, so doch gut vertretbaren Verwendung geographischer Namen in Bildungsmedien, durchaus auch in Zeitungen und elektronischen Medien beitragen. Denn geographische Namen haben Symbolkraft und sollten daher mit Bedacht gewählt werden. Die Verwendung geographischer Namen kann sich mittlerweile auch auf eine breite wissenschaftliche Grundlage stützen.

Auf dieser beruhen natürlich auch die in diesem Band ausgesprochenen Empfehlungen. Was die Empfehlungen zur Verwendung von deutschen Exonymen im Sinne von deutschen Namen für geographische Objekte außerhalb des deutschen Sprachraums, also den Hauptinhalt dieser Publikation betrifft, berücksichtigen sie aber auch die aktuellen Trends in den öffentlichen Medien. Denn die Verwendung von Namen ist ständig im Fluss. Sie unterliegt Moden, politischen und anderen Einflüssen.

Dies war auch der Anlass, nach den im Jahr 1994 erschienenen „Vorschlägen" eine Neuauflage zu erstellen, die den inzwischen eingetretenen Veränderungen Rechnung trägt. Auch sie kann aber wieder nur als eine Momentaufnahme einer weiterhin im Fluss befindlichen Entwicklung angesehen werden.

Die vorliegenden Empfehlungen sind ferner auf einen österreichischen Nutzerkreis[1] ausgerichtet. Dies ergibt keinen sehr großen Unterschied zu Deutschland oder der Schweiz. Unsere Empfehlungen zur Verwendung deutscher Exonyme berücksichtigen aber doch das spezifische internationale Beziehungsgeflecht Österreichs in politischer, wirtschaftlicher und historisch-kultureller Hinsicht und gehen auch auf geographische Objekte im Nahbereich Österreichs besonders ein.

Wie ihr Vorläufer wurden auch diese „Vorschläge" von einer Arbeitsgruppe der Arbeitsgemeinschaft für Kartographische Ostnamenkunde (AKO) ausgearbeitet. Otto BACK, Lukas BIRSAK, Peter JORDAN, hatten (neben Josef BREU, Helmut DESOYE, Ferdinand MAYER, Roman STANI-FERTL) bereits an den „Vorschlägen" des Jahres 1994 mitgewirkt. Michael DUSCHANEK, Isolde HAUSNER und Ingrid KRETSCHMER (†) traten diesmal neu hinzu. Ihnen allen, besonders aber Lukas BIRSAK, der diese zweite Arbeitsgruppe in mehr als 60 Sitzungen mit großem Engagement leitete, sei an dieser Stelle herzlich gedankt. Einige Texte des Allgemeinen Teils, verfasst von Josef BREU, wurden unverändert aus der Vorläufer-Publikation übernommen.

Die Ergebnisse der Arbeitsgruppe wurden aber auch im Plenum der AKO diskutiert und von diesem in der vorliegenden Form beschlossen. Sie können daher als eine Empfehlung des österreichischen Gremiums für geographische Namen gelten. Sie mögen in diesem Sinn Berücksichtigung finden und von Nutzen sein.

HR Prof. h.c. Univ.-Doz. Dr. Peter JORDAN
Vorsitzender der AKO

---

[1] Bei personenbezogenen Substantiven gilt in entsprechenden Zusammenhängen die gewählte Form für beide Geschlechter. Dies stellt keine geschlechtsspezifische Diskriminierung dar.

Allgemeiner Teil

1 Einführung (Peter JORDAN 1.1-1-4, Lukas BIRSAK 1.5)

1.1 Funktionen geographischer Namen

Bildungsmedien wie Schul- und Lehrbücher, Schulatlanten oder Fernsehsendungen verwenden geographische Namen. Geographische Namen oder Toponyme – diese Ausdrücke können als synonym angesehen werden – sind wichtige Bestandteile der Sprache und erfüllen auch in Bildungsmedien eine Reihe von Aufgaben.

Wenn sie in Karten verwendet werden

- **erleichtern sie den Kartengebrauch:** Wer sich in einem von der Karte dargestellten Gebiet nicht (gut) auskennt, kann erst nach Lesen des Namens sicher sein, für welches geographische Objekt eine Signatur genau steht.

- **ermöglichen sie die Suche nach geographischen Objekten:** Über Ortsnamenregister in gedruckten bzw. Suchfunktionen in interaktiven elektronischen Kartenwerken kann man ein geographisches Objekt in der Karte finden, dessen Lage man vorher noch nicht gekannt hat.

- **charakterisieren sie ein geographisches Objekt oft genauer als dies durch die entsprechende Signatur möglich ist:** Namen wie *Matterhorn* oder *Steinernes Meer* sagen mehr über Gestalt und Beschaffenheit des Objekts aus, als es die Kartensignatur zu tun vermag; Namen wie *Innsbruck* oder *Salzburg* weisen auf historisch oder aktuell wichtige Funktionen von Objekten hin; Namen wie *Böhmerwald* oder *Kroatisch Minihof* stellen Beziehungen zwischen Objekten und Herrschaftsgebieten bzw. ethnischen Gruppen her.

In jeder Form ihrer Verwendung

- **haben geographische Namen eine symbolische Funktion:** Sie symbolisieren wie Logos, Wappen oder Fahnen raumbezogene Begriffe jeder Größenordnung und repräsentieren stellvertretend deren Inhalte. So schwingen im Namen *Österreich* alle Inhalte dieses Begriffs mit und wird der Begriff *Salzkammergut* in Ermangelung von Verwaltungs- und anderen Grenzen nur durch den Namen fassbar.

- **wirken geographische Namen als emotionales Bindemittel zwischen geographischem Objekt und Mensch:** Menschen mit emotionalen Bindungen zu einem Objekt werden durch das Nennen seines Namens an Erfahrungen und Erlebnisse erinnert, die sie mit dem Objekt verbinden. Geographische Namen stärken dadurch die Bindung von Menschen an ihre Heimat und unterstützen raumbezogene Identitäten.

- **können geographische Namen zur Erschließung der Kulturgeschichte eines Gebietes beitragen:** Sie gehören oft älteren Schichten der heute in einem Gebiet gesprochenen Sprache an, entstammen manchmal aber auch Sprachen, die dort früher gesprochen wurden. Wie mit Fossilien in der Biologie lässt sich mit ihrer Hilfe die Besiedlungs-, Sprach- und Kulturgeschichte rekonstruieren.

Daraus ergibt sich, dass geographische Namen einen sorgfältigen Umgang erfordern. Um einen solchen und um Standardisierung nach wissenschaftlichen Kriterien bemühen sich national und international zahlreiche Gremien und Institutionen. Die vorliegenden Richtlinien verstehen sich als ein Beitrag zu diesen Bemühungen in Bezug auf Bildungsmedien in Österreich.

1.2 Der Vorgang des Benennens

Am Vorgang des Benennens[2] sind drei Faktoren beteiligt: (1) die soziale Gruppe[3], (2) deren Kultur[4] und Sprache, (3) der in geographische Objekte gegliederte geographische Raum[5].

Der einzige Akteur in diesem Prozess ist die soziale Gruppe. Sie bewohnt einen bestimmten Teil des geographischen Raumes und hat eine Kultur mit einer Sprache entwickelt. Vor dem Hintergrund ihrer Kultur und mit der dieser Kultur eigenen Weltsicht gliedert, strukturiert sie den komplexen geographischen Raum in Objekte[6]. Diesen Objekten schreibt sie mit den Mitteln ihrer Sprache geographische Namen zu.

Dabei kann es sich um soziale Gruppen jeder Größenordnung und Art handeln – von der Sprachgemeinschaft und Nation bis zur Gemeinde und Familie. Die Benennung erfolgt durch Konvention innerhalb der Gruppe oder durch eine Einrichtung, welche die Gruppe vertritt und die durch die Gruppe zur Benennung legitimiert ist.

1.3 Endonyme und Exonyme

Endonyme sind Namen, die eine soziale Gruppe in ihrer Sprache für geographische Objekte auf dem von ihr selbst bewohnten Territorium verwendet. Exonyme sind Namen, die eine andere soziale Gruppe in ihrer anderen Sprache für geographische Objekte dieses Territoriums verwendet und die sich von den Endonymen unterscheiden.

Für eine andere, nicht notwendigerweise benachbarte soziale Gruppe, ist nur noch ein Teil jener Objekte wichtig, die nicht auf ihrem Territorium liegen. Nur bei für sie wichtigen Objekten – die Wichtigkeit bemisst sich dabei nicht notwendigerweise an objektiven Kriterien – kommt für sie die Entwicklung und Verwendung eigener Namen, die sich vom Endonym unterscheiden, also von Exonymen, in Frage. Der weitaus überwiegende Teil aller Objekte trägt daher keinen Namen außer einem oder mehreren Endonymen.

Manchmal gliedert eine soziale Gruppe den geographischen Raum außerhalb ihres Territoriums auch anders als die lokale Gruppe. Sie braucht dann eigene Namen für die von ihr kreierten Objekte, weil es entsprechende Endonyme nicht gibt. So ist es im deutschen Sprachraum üblich, eine Raumeinheit des Namens *Norddeutsches Tiefland* auszuweisen, die auch Gebiete in Belgien, den Niederlanden und in Polen umfasst. In diesen Ländern und Sprachen gibt es für das von diesem Raumbegriff erfasste Gebiet aber andere Raumbegriffe und daher auch nicht die dem Namen *Norddeutsches Tiefland* entsprechenden Endonyme.

Ein dritter Fall sind Objekte, die nicht nur auf dem Territorium einer Gruppe liegen. Für diese verwendet jede der beteiligten Gruppen ihren jeweiligen Namen, wobei diesem Name dort, wo das Objekt auf dem eigenem Territorium der Gruppe liegt, der Status eines Endonyms, außerhalb der Status eines Exonyms zukommt. So bezieht sich der deutsche Name *Donau* auf den gesamten Stromverlauf, ist aber nur im Abschnitt der deutschsprachigen Länder Deutschland und Österreich ein Endonym, während er außerhalb dessen den Status eines Exonyms annimmt.

---

[2] Sowohl im Sinne der erstmaligen Vergabe eines Namens als auch der Wiederverwendung eines Namens.

[3] Unter sozialer Gruppe wird hier im soziologischen Sinn eine Gruppe von Menschen verstanden, die miteinander in Beziehung stehen.

[4] Kultur wird hier im umfassendsten Sinn des Wortes verstanden „sowohl als Lebensstil – unter Einschluss von Ideen, Einstellungen, Sprachen, Praktiken, Institutionen, Machtstrukturen – als auch einer ganzen Reihe von Kulturtechniken: künstlerischen Ausdrucksformen, Texten, Verzeichnissen, Architektur, Massengütern, und so weiter". (NELSON et al. 1992, S. 5)

[5] „Geographischer Raum" ist ein vieldeutig und oft unklar verwendeter Ausdruck. Er steht hier im Sinne von Gottfried Wilhelm LEIBNIZ für die Gesamtheit aller Beziehungen zwischen physisch-materiellen Objekten und Körpern.

[6] Geographische Objekte sind stets mentale Konstrukte, auch wenn sie sich manchmal an physisch-materielle Objekte anlehnen oder mit ihnen sogar übereinstimmen.

Einen vierten Fall bilden Objekte, die außerhalb des Territoriums jeder Gruppe liegen, also zum Beispiel die internationalen Gewässer von Meeren. In Bezug auf solche Objekte sind alle sozialen Gruppen Außenstehende, und alle Namen für diese Objekte haben den Status von Exonymen.

Die Vereinten Nationen definieren das Endonym als

> „Name eines geographischen Objekts in einer Sprache, die im Gebiet des Objekts offiziell oder gut eingeführt ist. Beispiele: *Vārānasī* (nicht *Benares*); *Aachen* (nicht *Aix la-Chapelle*); *Krung Thep* (nicht *Bangkok*); *Al-Uqṣur* (nicht *Luxor*)." (englisches Original siehe KADMON 2007, S. 2, deutsche Übersetzung siehe StAGN: Deutsches Glossar, www.stagn.de)

Entsprechend definieren sie das Exonym als

> „Name in einer bestimmten Sprache für ein geographisches Objekt außerhalb des Gebietes, in welchem diese Sprache weithin gesprochen wird, der sich in seiner Form vom entsprechenden Endonym im Gebiet, in welchem das geographische Objekt liegt, unterscheidet. Beispiele: *Warsaw* ist das englische Exonym für *Warszawa* (Polnisch); *Mailand* das deutsche für *Milano*; *Londres* das französische für *London*; *Quluniyā* das arabische für *Köln*. Hingegen ist das nach GOST83 transliterierte *Moskva* (für *Москва*) kein Exonym, ebenso wenig wie die nach Pinyin erfolgte offizielle lateinische Schreibweise *Beijing*; *Peking* ist dagegen ein Exonym." (englisches Original siehe KADMON 2007, S. 2, deutsche Übersetzung siehe StAGN: Deutsches Glossar, www.stagn.de)

Die Vereinten Nationen empfehlen die Reduktion der Verwendung von Exonymen in der internationalen Kommunikation, d.h. wenn die Kommunikation zwischen Sprechern verschiedener Sprachen erfolgt (siehe bes. Res. II/29-1972, Res. II/35-1972, Res. III/18-1977, Res. IV/20-1982, Res. V/13-1987 auf der UNGEGN-Website). Alle einschlägigen Resolutionen stammen jedoch aus den 1970er und 1980er Jahren (siehe oben), als die Strömung gegen die Verwendung von Exonymen besonders stark war. Sie hat sich mittlerweile abgeschwächt, so dass in den 1990er und 2000er Jahren keine derartigen Resolutionen mehr beschlossen wurden, obwohl sich der Exonymengebrauch in den meisten Ländern keineswegs vermindert hat. Es stößt auch nicht auf Widerspruch, dass z.B. auf Anzeigetafeln vieler Flughäfen englische Exonyme verwendet werden.

Im Bereich der Kommunikation zwischen Sprechern derselben Sprache – und dazu gehören die Bildungsmedien – ist der Gebrauch von Exonymen auch im Rahmen der internationalen Standardisierung geographischer Namen zugelassen und üblich.[7] Es soll auch angemerkt sein, dass der (reichliche) Gebrauch von Exonymen keineswegs eine Eigentümlichkeit der deutschen Sprache ist. Vielmehr kennen und verwenden besonders die großen Weltsprachen, aber auch viele kleinere Sprachen, viele Exonyme.

Innerhalb einer Sprachgemeinschaft werden Exonyme deshalb verwendet, weil sie besonders im Bildungsbereich eine Reihe von Vorteilen bieten. Exonyme für wichtige geographische Objekte sind Bestandteile des Wortschatzes dieser Sprache. Sie sind Anzeiger für die Wichtigkeit des betreffenden Objekts und die Beziehungen, die es mit der heimischen Kultur verbinden. Bildung soll Ausländisches nicht ausgrenzen, exotisieren und verfremden, sondern in seinen geschichtlichen Verflechtungen mit dem Eigenen sichtbar machen.

Allerdings wird der Gebrauch von Exonymen oft auch als Ausdruck von politischen Ansprüchen und eines kulturellen Dominanzverhaltens verstanden. Um dem vorzubeugen ist es ratsam, auch in der Kommunikation innerhalb einer Sprachgemeinschaft Exonyme politisch sensibel zu verwenden. Dies bedeutet, z.B. auf politisch belastete Exonyme zu verzichten (und daher etwa *Tschechei* durch *Tschechien* zu ersetzen) oder es zu vermeiden, auf Karten historische Besitzstände durch gehäufte Exonyme nachzuzeichnen.

---

[7] So ist der 2007 festgeschriebenen neuen UN-Definition des Exonyms der Satz nachgestellt: „The United Nations recommends minimizing the use of exonyms in international usage." (KADMON 2007, S. 2)

Deshalb muss in jedem einzelnen Fall überlegt werden, ob zur Bezeichnung eines Objekts außerhalb des eigenen Sprachgebiets das Endonym oder ein Exonym verwendet werden soll. Als Leitfaden für diese Überlegung können die folgenden Kriterien gelten:

(1) Objektbezogene Kriterien

Mit dem Exonym zu bezeichnen wäre ein Objekt umso eher

- je wichtiger es ist (z.B. in Bezug auf Größe, administrativen Status, Zentralität, kulturelle Bedeutung);
- je weiter es sich über Sprachgrenzen erstreckt;
- wenn es der Natursphäre angehört;
- je längere historische Kontinuität es aufweist (je weniger es eine temporäre Erscheinung ist);
- je enger und traditionsreicher die Kulturbeziehungen zum Objekt oder zum weiteren Umfeld des Objekts sind;
- je näher es Österreich liegt;
- wenn es in einem Gebiet liegt, in welchem Deutsch Familien- oder Bildungssprache ist oder war;
- wenn es in deutschsprachigen Texten und öffentlichen Äußerungen auf Seiten des nicht-deutschsprachigen Landes, in dem es liegt, deutsch bezeichnet wird;
- je geringer die Gefahr einer politischen Missdeutung ist;
- wenn es außerhalb nationaler Hoheit liegt (nicht durch ein Endonym bezeichnet ist);
- wenn es geschichtliche oder kulturgeschichtliche Bedeutung hat;
- wenn es ausschließlich historisch ist und heute nicht mehr existiert (und damit auch kein Endonym trägt).

(2) Sprachliche Kriterien

Mit dem Exonym zu bezeichnen wäre ein Objekt umso eher

- wenn das Endonym aus einem Eigennamen- und einem Gattungsnamen-Bestandteil zusammengesetzt ist (ein transparentes Gattungswort enthält); Beispiel: kroat. *Dinarsko gorje*, dt. *Dinarisches Gebirge*;
- je schwerer das Endonym auszusprechen ist (z.B. *Oświęcim*, dt. Exonym: *Auschwitz*);
- je weniger die Sprache des Endonyms bei uns bekannt ist.

Mit dem Endonym zu bezeichnen wäre ein Objekt umso eher, wenn das Exonym von einem Endonym abgeleitet war, das durch Umbenennung durch ein anderes ersetzt wurde.

(3) Gebräuchlichkeit

Mit dem Exonym zu bezeichnen wäre ein Objekt umso eher, je häufiger das Exonym

- in den österreichischen Medien
- in der österreichischen Öffentlichkeit
- von sachlich informierten Personen in Österreich

verwendet wird.

Erst wenn ein Objekt, sein Endonym und sein Exonym der Mehrzahl dieser Kriterien entspricht, soll ein Exonym verwendet werden. Die in diesen Richtlinien für Bildungsmedien empfohlenen deutschen Namen wurden auch nach dieser Methode ausgewählt.

1.4   Ziele der vorliegenden Publikation

Die vor etwa zwei Jahrzehnten erschienene erste Fassung dieser Empfehlungen ging auf eine Initiative der österreichischen Schulbuchverlage zurück, die nach Entscheidungshilfen bei ihrer redaktionellen Tätigkeit suchten. Auch die nun vorliegende zweite, aktualisierte und verbesserte Fassung hat diese Motivation.

Dieses besondere Ziel führte erstens zu einer Gewichtung zugunsten von Namen der aus österreichischer Sicht wichtigen geographischen Objekte (Bevorzugung von Nachbargebieten Österreichs und von Gebieten, zu denen von Österreich aus traditionelle Beziehungen bestehen) und zweitens zur Nichtberücksichtigung fachterminologischer Benennungen (u.a. von tektonisch-geologischen Formationen, submarinen Relieformen, statistischen Raumeinheiten, touristischen Namen, Namen von Wirtschaftsregionen). Dennoch kann wohl das meiste des hier Gebotenen über die Schulgeographie hinaus auch in anderen Bildungsmedien angewandt werden.

Nicht die Endonyme sind das Thema dieser Empfehlungen, sondern außer einigen Informationen über Amtssprachen und Umschriftsysteme die deutschen Namen für Objekte außerhalb des deutschen Sprachraums. Sie werden hier nicht „deutsche Exonyme", sondern „deutsche Namen" genannt, weil bei manchen die Zuordnung zu Endonym oder Exonym nicht eindeutig möglich ist.

Es ist die Intention der Autorinnen und Autoren und der Herausgeberin dieser Richtlinien, der Arbeitsgemeinschaft für Kartographische Ortsnamenkunde (AKO), dass diese deutschen Namen in österreichischen Bildungsmedien möglichst in der angegebenen Form und Weise verwendet werden.

Die Auswahl der deutschen Namen wurde in sorgfältiger Abwägung durch eine sechsköpfige Arbeitsgruppe der AKO im Wesentlichen unter Zugrundelegung der oben genannten Kriterien getroffen. Die Auswahl hat daher sowohl normativen als auch rezeptiven Charakter.

Dabei kam es gegenüber der letzten Fassung dieser Empfehlungen sowohl zu Reduktionen als auch zu Ergänzungen. Namen, die in aktuellen Zusammenhängen außer Gebrauch gekommen sind, wurden ausgeschieden, zur wahlweise vor- oder nachrangigen Verwendung (je nach thematischem Zusammenhang) oder nur noch zur nachrangigen Verwendung empfohlen. Deutsche Namen, die häufiger oder neu verwendet werden, wurden in die Liste neu aufgenommen. Historische deutsche Namen im Sinne von Namen, die heute nicht mehr in Verwendung stehen oder nur in Verbindung mit historischen Sachverhalten gebraucht werden sollen, sind eigens als solche gekennzeichnet.

Den deutschen Namen entsprechende Endonyme werden nur bei einigen Objektkategorien erwähnt. Ohne Zusammenhang mit einem deutschen Namen sind wichtige Endonyme ausnahmsweise dann angegeben, wenn es verbreitete Zweifel über deren Schreibweise und Verwendung gibt und diese ausgeräumt werden sollen.

Die Autorinnen und Autoren dieser Empfehlungen bekennen sich jedoch auch dazu, dass in Bildungsmedien bei Siedlungen und Flüssen zusätzlich zum deutschen Namen jeweils auch das Endonym ausgewiesen werden soll – in Atlanten in Klammern und zumindest im größten Kartenmaßstab, in Texten in Klammern und zumindest nach der erstmaligen Erwähnung des Namens.

1.5   Der Weg zur Auswahl des zweckmäßigsten Namens

Der Weg zur empfohlenen Benennung eines geographischen Objekts in österreichischen Bildungsmedien besteht mit oder ohne Zuhilfenahme der vorliegenden Empfehlungen aus mehreren Schritten. Dabei kann es auch Rückkoppelungsprozesse geben.

(1) Festlegung und Abgrenzung des zu beschriftenden Objekts: Dieser Vorgang ist bei der Redaktionsarbeit sehr wichtig und sollte nach den Regeln der Fachwissenschaften erfolgen, deren Sphäre ein räumliches Objekt zugehört. Er ist aber nicht Thema dieser Publikation. Besonders flächenhafte Objekte wie Landschaften, Meere, Kulturregionen können unscharf und unterschiedlich abgegrenzt und gegliedert sein.

(2) Suche nach vorhandenen Namenformen und -schreibungen: Die Redaktion sollte sich zunächst einen Überblick über die für ein Objekt vorhandenen Namen verschaffen. Nach den vorliegenden Empfehlungen wären aus ihnen Namen mit einem Mindestgrad an Amtlichkeit und/oder deutsche Namenformen auszuwählen.

(3) Auffinden der amtlichen Namenformen: Die vorliegenden Empfehlungen legen die Verwendung amtlicher Namenformen nahe, ohne solche anzugeben. Allerdings weisen sie auf die im jeweiligen Land geltenden Amtssprachen hin, aus denen solche Namen zu schöpfen wären. Nicht-amtliche und nicht-deutsche Namenformen werden nur in Ausnahmefällen vorgeschlagen. Es ist aber auch zu berücksichtigen, dass es unterschiedliche Grade von Amtlichkeit gibt. Näheres dazu findet sich in den Abschnitten 2.1 und 2.2.

(4) Eventuell Feststellen der Schriftform des Namens: Das Problem der Verschriftlichung ergibt sich dann, wenn Namenformen nur mündlich mitgeteilt werden oder (als Spezialfall) schriftlich in älteren Schreibvarianten, in Dialektformen oder aufgrund fehlender Sonderzeichensätze oder orthographischer Unkorrektheiten fehlerhaft überliefert sind. Im Redaktionsalltag wird aber fast nur auf moderne schriftliche Quellen zurückgegriffen, sodass sich das Problem nur selten stellt. Einzelheiten dazu werden in den Abschnitten 2.3 bis 2.5 beschrieben.

(5) Eventuell Transkription der Namenform: Viele Namenformen werden original nicht in Lateinschrift geschrieben. Sie müssen also nach bestimmten Regeln in die Lateinschrift übertragen (= umgeschriftet) werden, denn eine Mixtur aus mehreren Schriften ist in einer Publikation, die sich an ein Publikum mit einer bestimmten Schrift wendet, aus Gründen der reibungslosen Kommunikation nicht möglich. Für viele Nicht-Lateinschriften gibt es mehrere Umschriftsysteme. Daher sind Empfehlungen für die Wahl eines Systems im Abschnitt 2.6 ein wichtiger Bestandteil dieser Publikation.

(6) Auffinden der deutschen Namenform: Sie können mit Hilfe der vorliegenden Publikation gefunden und bestimmt werden. Hier werden nur solche deutsche Namenformen zur vorrangigen Verwendung empfohlen, die den oben angeführten Kriterien entsprechen. Andere deutsche Namenformen sollen nicht oder nicht vorrangig verwendet werden. Die Namenlisten enthalten alle empfohlenen Namenformen mit wenigen Ausnahmen (wie unter Punkt 8 beschrieben). Den Aufbau und die Verwendung dieser Namenlisten beschreibt Abschnitt 3.

(7) Auswahl der zu verwendenden Namenform: Ein wichtiges Ziel der vorliegenden Publikation ist die sichere Auswahl der zweckmäßigsten Namenform. Dazu wurde ein Entscheidungsbaum entwickelt, der die Auswahl auch im redaktionellen Alltag in kurzer Zeit ermöglichen soll. Die Details dazu werden in Abschnitt 3.3 beschrieben.

(8) Eventuell Neubildung einer deutscher Namenform: In Einzelfällen wird die Bildung deutscher Namenformen bei zusammengesetzten Namen mit generischen Bestandteilen empfohlen. Die Regeln dazu finden sich unter 3.3.2.

(9) Anordnung, Typographie und Platzierung des Namens: Wenn die zweckmäßigste Namenform gewählt ist, stellt sich als Letztes die Frage ihrer graphischen Darstellung. Die Empfehlungen dazu im Abschnitt 4 beziehen sich lediglich auf die Reihenfolge von Namenformen und geben Darstellungshinweise, um den Status (Endonym oder Exonym, aktuelles oder historisches Exonym) einer Namenform sicher identifizieren zu können.

2 Empfehlungen zur Schreibung von ortsüblichen Namenformen (Endonymen)

2.1 Zur Amtlichkeit von Sprachen (Michael Duschanek)

Im Zusammenhang mit Endonymen muss zuerst der Fragenbereich der rechtlich-administrativen Stellung von Sprachen innerhalb von Staaten geklärt werden. Es lassen sich folgende Typen von Situationen unterscheiden:

(1) Amtliche Geltung im gesamten Staatsgebiet

    a) hat die einzige darin existierende Sprache (Beispiele: Portugal, Island);

    b) hat nur eine einzige der darin existierenden Sprachen (Bsp.: Frankreich, Griechenland, Türkei);

    c) haben zwei Sprachen (Bsp.: Weißrussland, Malta, Irland);

    d) hat eine einzige Sprache, aber daneben in einzelnen Landesteilen eine dort dominierende regionale Sprache (Bsp.: Italien [Südtirol etc.], Spanien [Katalonien etc.], Niederlande [Friesland], Russland [autonome Republiken])

(2) Das Staatsgebiet besteht aus autonomen Teilgebieten; in jedem derselben ist nur eine von zwei oder mehreren Sprachen amtlich, auf der Staatsebene sind alle Sprachen amtlich (Bsp.: Belgien, Schweiz, Finnland, Kanada, Kamerun).

(3) Zusätzlich zur Amtssprache bzw. den Amtssprachen des Staatsgebietes oder eines Teiles desselben gelten in einzelnen Gebietsteilen, Gemeinden oder Ortschaften Minderheitensprachen (Bsp.: Österreich, Deutschland, Tschechien, Slowakei, Ungarn, Slowenien, Polen, Rumänien).

In den Länderlisten wird die jeweilige Situation der Amtlichkeit von Sprachen in den Einleitungsteilen dargestellt. Daraus kann dann abgeleitet werden, welche Endonyme verwendet werden sollen.

2.2 Institutionen zur Standardisierung geographischer Namen (Peter Jordan)

Unter Standardisierung geographischer Namen verstehen die Vereinten Nationen eine „Tätigkeit, die darauf abzielt, in der Praxis eine maximale Einheitlichkeit bei der mündlichen oder schriftlichen Wiedergabe aller geographischen Namen auf der Erde (und im weiteren Sinne von Toponymen auf extraterrestrischen Körpern) zu erreichen, und zwar durch (1) nationale Standardisierung und/oder (2) internationale Vereinbarungen, einschl. der Entsprechung zwischen verschiedenen Sprachen und Schriftsystemen." (Englisches Original siehe Kadmon 2002, S. 24, deutsche Übersetzung siehe StAGN: Deutsches Glossar, www.stagn.de).

Die Standardisierung bezieht sich in erster Linie auf Endonyme. Doch können auch Exonyme davon betroffen sein, wenn z.B. Staaten für ihre Sprachen Verzeichnisse von Exonymen zusammenstellen und für den Gebrauch im eigenen Land und in der eigenen Sprache empfehlen oder verbindlich machen. Auch die vorliegende Publikation, die sich ja in erster Linie auf deutsche Namen für Objekte in anderssprachigen Gebieten bezieht, kann unter diese Aktivitäten eingereiht werden.

Für die Standardisierung geographischer Namen in Österreich sind die folgenden nationalen und internationalen Institutionen maßgebend. Sie geben Empfehlungen, die zum Teil auch für die

Verwendung von Namen in Bildungsmedien Bedeutung haben. Manche dieser Empfehlungen sind auf den angegebenen Internetseiten einsehbar.

Arbeitsgemeinschaft für Kartographische Ortsnamenkunde (AKO)

http://www.oeaw.ac.at/dinamlex/AKO/AKO.html

Die AKO ist das österreichische Koordinationsgremium für geographische Namen mit dem Status einer Expertengruppe, das Empfehlungen ausspricht, aber keine verbindlichen Entscheidungen treffen kann. Sie besteht aus Vertretern von Dienststellen des Bundes, der Länder, wissenschaftlicher Institutionen und der Privatkartographie, die mit geographischen Namen befasst sind. Die AKO wirkt zwischen diesen Stellen koordinierend und beratend. Sie vertritt Österreich in den internationalen Gremien der geographischen Namenkunde. Organisatorisch ist die AKO in die Österreichische Kartographische Kommission (ÖKK) in der Österreichischen Geographischen Gesellschaft (ÖGG) eingebunden, außerdem steht sie „in Verbindung mit der Österreichischen Akademie der Wissenschaften".

Ständiger Ausschuss für Geographische Namen (StAGN)

http://www.stagn.de

Der Ständige Ausschuss für Geographische Namen (StAGN) hat neben seiner Funktion eines Namengremiums für die Bundesrepublik Deutschland auch jene einer für die Standardisierung geographischer Namen zuständigen Koordinationsstelle für den deutschen Sprachraum. Er setzt sich deshalb aus Vertretern Deutschlands, Österreichs, der Schweiz, Südtirols und der Deutschsprachigen Gemeinschaft in Belgien zusammen. Österreich ist durch Mitglieder der AKO vertreten. Wie die AKO ist der StAGN ein Expertengremium ohne verbindliche Entscheidungsbefugnis. In Bezug auf die Standardisierung in Österreich dient der StAGN dem Meinungsaustausch, der Abstimmung von Vorgangsweisen im deutschen Sprachraum und als Forum zur Entwicklung gemeinsamer Empfehlungen für die deutschsprachigen Länder.

Sachverständigengruppe der Vereinten Nationen für Geographische Namen (United Nations Group of Experts on Geographical Names, UNGEGN)

http://unstats.un.org/unsd/geoinfo/about_us.htm

Die UNGEGN ist eine von sechs aktiven permanenten Expertengruppen der Vereinten Nationen, die nach den Usancen der Vereinten Nationen organisiert ist und unter Beteiligung der den Vereinten Nationen angehörigen Mitgliedsstaaten die Standardisierung geographischer Namen auf internationaler Ebene betreibt. Österreich ist in ihr durch die AKO vertreten. Die UNGEGN gliedert sich in thematische Arbeitsgruppen und in geographisch oder sprachlich definierte Abteilungen. In ihnen sowie in Gesamtsitzungen werden mögliche Empfehlungen der Vereinten Nationen ausgearbeitet, die den alle fünf Jahre stattfindenden Konferenzen der Vereinten Nationen zur Standardisierung geographischer Namen zum Beschluss vorliegen.

2.3 Schrift (Otto BACK, hier und im Folgenden großteils auf Josef BREU zurückgehend)

Für die schriftliche Wiedergabe geographischer Objekte in ihrer landessprachlichen Namenform (Endonym) ist zu unterscheiden, welche Schrift die jeweilige Originalsprache verwendet. Ist es die

Lateinschrift, so sind deren Schreibweisen unverändert zu übernehmen (Sonderfälle: 2.5); ist es eine andere Schrift, so müssen deren Zeichen durch entsprechende der Lateinschrift ersetzt werden (Umschriftung, s. 2.6).

2.4   Groß- und Kleinbuchstaben (Otto Back)

Für Namen aus einer Sprache mit lateinischer, kyrillischer, griechischer oder armenischer Schrift gilt hinsichtlich des Gebrauches von Groß- und Kleinbuchstaben: Wenn es sich um einen Namen handelt, der aus zwei oder mehr Wörtern besteht, sind große und kleine Anfangsbuchstaben eines jeden Wortes so zu setzen wie in der Originalorthographie, z.B. *Tuz gölü, gora Belucha*. Es empfiehlt sich, geographische Namen in Landkarten nicht in VERSALIEN zu setzen, da diese oft die genaue Rechtschreibung nicht erkennen lassen (traditionelle Ausnahme: Staatennamen).

2.5   Sonderzeichen und Sonderbuchstaben (Otto Back)

a) Namen aus einer Sprache mit Lateinschrift sind unter genauer Beachtung der Originalorthographie wiederzugeben. Das gilt besonders auch für die diakritischen Zeichen (Ober-, Unter- oder Querzeichen, z.B. *é, ç, ø*), ausgenommen Tonzeichen des Vietnamesischen. Zu Einzelheiten vgl. die Kommentare zu den Namenlisten. Diakritische Zeichen müssen auch dann erhalten bleiben, wenn der Name in Versalien gesetzt wird, z.B. *SÃO TOMÉ UND PRÍNCIPE*.

b) Manche lateinschriftige Sprachen verwenden zusätzlich Sonderbuchstaben (wie z.B. *ß* im Deutschen). Über mögliche Ersatzschreibweisen unterrichten Vorbemerkungen zu den Namenlisten einzelner Länder.

2.6   Umschriftung (Otto Back)

Allgemeines

Namen aus Sprachen, die eine andere als die Lateinschrift benutzen, müssen in Lateinbuchstaben umgeschriftet werden. Dafür sollten aus didaktischen Erwägungen nicht die wissenschaftlich exakten, aber oft komplizierten und schwer lesbaren Systeme der Transliteration verwendet werden, wie sie im Fachschrifttum und in Bibliothekskatalogen Anwendung finden, sondern leichter handhabbare, der deutschen Orthographie angepasste Systeme der vereinfachten Umschrift.

Allerdings sind damit die Probleme noch nicht gelöst. Ein gewisses Maß an Vertrautheit mit der jeweiligen Schrift bzw. die Zusammenarbeit mit entsprechenden Fachleuten ist unerlässlich. Originalsprachliches Namenmaterial z.B. in arabischer Schrift oder in chinesischen Wortzeichen ist nicht ohne weiteres einer Umschriftung in Lateinbuchstaben zugänglich. Für die kartographische Praxis bedeutet dies, dass solches Namenmaterial in vielen Fällen aus bereits lateinschriftigen Unterlagen zu übernehmen sein wird. Dann stellt sich nur noch die Aufgabe, solche Schreibungen entsprechend weiterzubearbeiten (d.h., je nachdem, zu belassen oder in vereinfachte Umschrift umzusetzen).

Die Länderlisten enthalten für jedes Land in den Kopfteilen eine kurze Angabe über die zu verwendenden Umschriftsysteme. Entweder handelt es sich dabei um von der Arbeitsgruppe selbst erstellte Systeme oder um Systeme von dritter Seite. Im Folgenden werden die Einzelheiten der Umschriftungsempfehlungen für jede in den Länderlisten angeführte Sprache aufgeführt.

Amharisch BGN

In: Äthiopien
Für: Amharisch

Empfohlen wird das System des U.S. Board on Geographic Names (BGN), wie es von der Working Group on Romanization Systems der United Nations Group of Experts on Geographical Names (UNGEGN) im „Report on the Current Status of United Nations Romanization Systems for Geographical Names" (Internet-Version unter http://www.eki.ee/wgrs/) veröffentlicht wurde. Für die Praxis kann auf die umgeschrifteten Formen am „NGA GEOnet Names Server (GNS)" der National Geospatial-Intelligence Agency (Adresse zur Zeit der Drucklegung: http://earth-info.nga.mil/gns/html/index.html) zurückgegriffen werden.

Arabisch AKO

In: Ägypten, Algerien, Bahrain, Irak, Jemen, Jordanien, Katar, Kuwait, Libanon, Libyen, Marokko, Mauretanien, Oman, Palästina, Saudi-Arabien, Sudan, Syrien, Tunesien, Vereinigte Arabische Emirate, Westsahara
Für: Arabisch

In arabischsprachigen Ländern ist zwar immer auch die eine oder andere Art der Lateinschreibung für Namen der dortigen Objekte üblich, doch ist diese von Land zu Land uneinheitlich. (Ursachen vor allem: englische oder französische Orthographie, regionale arabische Aussprache.)

Die unveränderte Übernahme solcher landesüblicher Lateinschreibungen würde leicht dazu führen, dass für gleiche Namenbestandteile unterschiedliche Schreibweisen zustandekommen. Daher wird demgegenüber eine für alle arabischsprachigen Länder einheitliche Lateinumschrift bevorzugt, die auf der arabischen Originalschreibung fußt und sich der Verfahren der deutschen Orthographie bedient.

Die richtige Lesung von Namen in arabischer Originalschreibung ist vielfach auch für Kenner des Arabischen nicht mit Sicherheit möglich, weil die arabische Schrift zumeist die Vokale und die Verdopplung von Konsonanten unbezeichnet lässt. Daher würde die Beiziehung von Sachverständigen für das Arabische erforderlich sein, und zusätzlich wird man auch Nachschlagewerke benötigen, die Angaben über die Form arabischer geographischer Namen einschließlich der Vokale enthalten. Als Alternative empfehlenswert sind die Gazetteers des U.S. Board on Geographic Names, die im Internet unter der Bezeichnung „NGA GEOnet Names Server (GNS)" der National Geospatial-Intelligence Agency (Adresse zur Zeit der Drucklegung: http://earth-info.nga.mil/gns/html/index.html) verfügbar sind und laufend ergänzt und aktualisiert werden.

Empfohlen wird folgende Umschrift als Kombination aus UN-Empfehlung und Dudenumschrift mit Vereinfachung. Für praktische Zwecke wird auch die Umformung von Namenformen des „NGA GEOnet Names Server"(=BGN), welche bis auf Details der UN-Empfehlung entsprechen, angeführt:

Spalte 1:	unabhängiger Konsonant;		Spalte 3:	Mittelform;		Spalte 5:	BGN;
Spalte 2:	Wortanfang;		Spalte 4:	Endform;		Spalte 6:	empfohlen

	1	2	3	4	5	Anm.	6	Anm.
1	ء				ʾ	(A)	ʾ	(A)
2	ا			ـا	-	(B)	-	(B)
3	ب	ﺑ	ﺒ	ـب	b		b	
4	ت	ﺗ	ﺘ	ـت	t	(C)	t	(C)
5	ث	ﺛ	ﺜ	ـث	th		th	
6	ج	ﺟ	ﺠ	ـج	j		dsch	
7	ح	ﺣ	ﺤ	ـح	ḥ		h	
8	خ	ﺧ	ﺨ	ـخ	kh		ch	
9	د			ـد	d		d	
10	ذ			ـذ	dh		dh	
11	ر			ـر	r		r	
12	ز			ـز	z		s	
13	س	ﺳ	ﺴ	ـس	s		s/ss	(D)
14	ش	ﺷ	ﺸ	ـش	sh		sch	
15	ص	ﺻ	ﺼ	ـص	ṣ		s/ss	(D)
16	ض	ﺿ	ﻀ	ـض	ḍ		d	
17	ط	ﻃ	ﻄ	ـط	ṭ		t	
18	ظ	ﻇ	ﻈ	ـظ	ẓ		s	
19	ع	ﻋ	ﻌ	ـع	ʿ		ʿ	
20	غ	ﻏ	ﻐ	ـغ	gh		gh	
21	ف	ﻓ	ﻔ	ـف	f		f	
22	ق	ﻗ	ﻘ	ـق	q		k	
23	ك	ﻛ	ﻜ	ـك	k		k	
24	ل	ﻟ	ﻠ	ـل	l		l	
25	م	ﻣ	ﻤ	ـم	m		m	
26	ن	ﻧ	ﻨ	ـن	n		n	
27	ه	ﻫ	ﻬ	ـه	h	(C)	h	(C)
28	و			ـو	w, ū	(E)	w, u	(E)
29	ي	ﻳ	ﻴ	ـي	y		i	

(A) Am Wortanfang nicht umgeschriftet.

(B) nicht umgeschriftet, aber beachte die Umschriftungsanweisungen bei alif (I) in der Tabelle der Vokale.

(C) bei bestimmten Endungen wird ein tāʾ (ت) als ة geschrieben (wie hāʾ (ه) mit zwei Punkten) und tāʾ marbūṭah genannt. Es wird bei BGN mit h und bei der empfohlenen Umschrift ohne Zeichen transkribiert, außer im Status constructus bei weiblichen Hauptwörtern, wo es stattdessen in beiden Umschriften mit t umgeschriftet wird.

(D) ss zwischen Vokalbuchstaben

(E) w in BGN und empfohlener Umschrift nach ي

Vokale, Diphtonge und diakritische Zeichen (ب steht für einen beliebigen Konsonant)

		BGN	empfohlen	Anm.
1	بَ	a	a	
2	بَوْ	aw	aw	
3	بَيْ	ay	ai	
4	بِ	i	i	
5	بُ	u	u	
6	بْ			(A)
7	بَا	ā	a	
8	اِ	ā	a	

		BGN	empfohlen	Anm.
9	بِي	ī	i	
10	بُو	ū	u	
11	بَى	á	a	
12	بًا	an	an	
13	بٍ	in	in	
14	بٌ	un	un	
15	بّ			(B)

(A) bezeichnet Nichtvorhandensein eines Vokals

(B) bezeichnet Verdopplung eines Konsonanten

Anmerkung 1:

Es empfiehlt sich, in einem zweiten Schritt einige umständliche Schreibweisen der deutschen Umschrift zu vereinfachen, nämlich:

statt	einfacher
dhdh	*dh*
ghgh	*gh*
chch	*ch*
schsch	*sch*
thth	*th*
ii	*i*

Anmerkung 2:

Manche arabische geographische Namen, vor allem Siedlungsnamen, enthalten den vorangestellten arabischen Artikel als festen Bestandteil. Dieser Artikel, der normalerweise die Form *al (Al)* hat, erscheint in der Umschriftung entsprechend der Aussprache je nach dem Anfangslaut bzw. -buchstaben des darauf folgenden Wortes mit verschiedenen Formen, und zwar:

Vor	D	Dh	N	R	S	Sch	T	Th
wird *Al* zu	Ad	Adh	An	Ar	As	Asch	At	Ath

Regional vorkommende Varianten des Artikels mit dem Vokal E statt A sollen nicht verwendet werden.

Sowohl in der BGN- als auch in der empfohlenen Umschrift wird der Artikel mit Leerzeichen vor den Namen gestellt.

Armenisch AKO

In: Armenien, Aserbaidschan

Für: Armenisch

Empfohlen wird folgende Umschrift. Für praktische Zwecke wird wieder die Umformung von Namenformen des „NGA GEOnet Names Server"(=BGN) angeführt:

	Zeichen	BGN	Anm.	empfohlen	Anm.
1	Ա ա	a		a	
2	Բ բ	b		b	
3	Գ գ	g		g	
4	Դ դ	d		d	
5	Ե ե	e, ye	(A)	e/je	(D)
6	Զ զ	z		s	
7	Է է	e		e	
8	Ը ը	y		e	
9	Թ թ	t'		t	
10	Ժ ժ	zh		sch	

	Zeichen	BGN	Anm.	empfohlen	Anm.
11	Ի ի	i		i	
12	Լ լ	l		l	
13	Խ խ	kh		ch	
14	Ծ ծ	ts		z	
15	Կ կ	k		k	
16	Հ հ	h		h	
17	Ձ ձ	dz		ds	
18	Ղ ղ	gh		gh	
19	Ճ ճ	ch		tsch	
20	Մ մ	m		m	

21	Յ յ	y		j		31	Տ տ	t		t	
22	Ն ն	n		n		32	Ր ր	r		r	
23	Շ շ	sh		sch		33	Ց ց	ts'		z	
24	Ո ո	o, vo	(B)	o/wo	(E)	34	Ու ու	u		u	
25	Չ չ	ch'		tsch		35	Փ փ	p'		p'	
26	Պ պ	p		p		36	Ք ք	k'		k'	
27	Ջ ջ	j		dsch		37	Եւ ւ	ev, yev	(C)	ew/jew	(G)
28	Ռ ռ	rr		rr		38	Օ օ	o		o	
29	Ս ս	s		s/ss	(F)	39	Ֆ ֆ	f		f	
30	Վ վ	v		w							

(A) *ye* am Wortanfang und nach den Vokalen *ա, ե, է, ը, ի, ո, ու* und *o*.

(B) *vo* am Wortanfang außer im Wort *ով*, wo der Buchstabe mit *ov* umgeschriftet wird.

(C) *yev* am Wortanfang oder wenn allein stehend und nach den Vokalen *ա, ե, է, ը, ի, ո, ու* und *o*.

(D) *je* am Wortanfang sowie nach Vokal

(E) *wo* am Wortanfang

(F) *ss* zwischen Vokalen

(G) *jew* am Wortanfang sowie nach Vokal

Anmerkung:
Laut dem „Report on the current status of United Nations romanization systems for geographical names der UNGEGN Working Group on Romanization Systems wird in neuen Quellen der Buchstabe *37* nur als Kleinbuchstabe benutzt. Als Großbuchstabe wird eine Kombination der Buchstaben *5* und *30* (*Եվ*) verwendet, z.B. *ԵՐԵՎԱՆ* = JEREWAN, *Երևան* = Jerewan. Auch scheint das Alphabet 1997 verändert worden zu sein, sodass der Buchstabe *ւ* (= w) wieder als eigener Buchstabe eingeführt wurde. Nach derselben Quelle würde das Ende der alphabetischen Tabelle lauten:

	Zeichen	BGN	empfohlen	Anm.
34	Ւ ւ	w	w	
35	Փ փ	p'	p'	
36	Ք ք	k'	k'	
37	և	ev/yev	ew/jew	(C)
38	Օ օ	o	o	
39	Ֆ ֆ	f	f	
40	Ու ու	u	u	

Bengalisch BGN

In: Bangladesch
Für: Bengalisch

Empfohlen wird das System des U.S. Board on Geographic Names (BGN), wie es von der Working Group on Romanization Systems der United Nations Group of Experts on Geographical Names (UNGEGN) im „Report on the Current Status of United Nations Romanization Systems for Geographical Names" (Internet-Version unter http://www.eki.ee/wgrs/) veröffentlicht wurde. Für die Praxis kann auf die umgeschrifteten Formen am „NGA GEOnet Names Server (GNS)" der National Geospatial-Intelligence Agency (Adresse zur Zeit der Drucklegung: http://earth-info.nga.mil/gns/html/index.html) zurückgegriffen werden.

Birmanisch BGN

In: Myanmar
Für: Birmanisch

Empfohlen wird das System des U.S. Board on Geographic Names (BGN), wie es von der Working Group on Romanization Systems der United Nations Group of Experts on Geographical Names (UNGEGN) im „Report on the Current Status of United Nations Romanization Systems for Geographical Names" (Internet-Version unter http://www.eki.ee/wgrs/) veröffentlicht wurde. Für die Praxis kann auf die umgeschrifteten Formen am „NGA GEOnet Names Server (GNS)" der National Geospatial-Intelligence Agency (Adresse zur Zeit der Drucklegung: http://earth-info.nga.mil/gns/html/index.html) zurückgegriffen werden.

Bulgarisch UN

In: Bulgarien
Für: Bulgarisch

Empfohlen wird die offizielle Transkription der Vereinten Nationen, wie sie von der Working Group on Romanization Systems der United Nations Group of Experts on Geographical Names (UNGEGN) im „Report on the Current Status of United Nations Romanization Systems for Geographical Names" (Internet-Version unter http://www.eki.ee/wgrs/) veröffentlicht wurde.

Dhivehi BGN

In: Malediven
Für: Dhivehi

Empfohlen wird das System des U.S. Board on Geographic Names (BGN), wie es von der Working Group on Romanization Systems der United Nations Group of Experts on Geographical Names (UNGEGN) im „Report on the Current Status of United Nations Romanization Systems for Geographical Names" (Internet-Version unter http://www.eki.ee/wgrs/) veröffentlicht wurde. Für die Praxis kann auf die umgeschrifteten Formen am „NGA GEOnet Names Server (GNS)" der National Geospatial-Intelligence Agency (Adresse zur Zeit der Drucklegung: http://earth-info.nga.mil/gns/html/index.html) zurückgegriffen werden.

Dsongka BGN

In: Bhutan
Für: Dsongka

Empfohlen wird das System des U.S. Board on Geographic Names (BGN), wie es von der Working Group on Romanization Systems der United Nations Group of Experts on Geographical Names (UNGEGN) im „Report on the Current Status of United Nations Romanization Systems for Geographical Names" (Internet-Version unter http://www.eki.ee/wgrs/) veröffentlicht wurde. Für die Praxis kann auf die umgeschrifteten Formen am „NGA GEOnet Names Server (GNS)" der National Geospatial-Intelligence Agency (Adresse zur Zeit der Drucklegung: http://earth-info.nga.mil/gns/html/index.html) zurückgegriffen werden.

Georgisch AKO

In: Georgien
Für: Georgisch

Empfohlen wird folgende Transkription. Für praktische Zwecke wird wieder die Umformung von Namenformen des „NGA GEOnet Names Server"(=BGN) angeführt:

	Zeichen	BGN	empfohlen	Anm.
1	ა	a	a	
2	ბ	b	b	
3	გ	g	g	
4	დ	d	d	
5	ე	e	e	
6	ვ	v	w	
7	ზ	z	s	
8	თ	t'	t'	
9	ი	i	i	
10	კ	k	k	
11	ლ	l	l	
12	მ	m	m	
13	ნ	n	n	
14	ო	o	o	
15	პ	p	p	
16	ჟ	zh	sch	
17	რ	r	r	

	Zeichen	BGN	empfohlen	Anm.
18	ს	s	s/ss	(A)
19	ტ	t	t	
20	უ	u	u	
21	ფ	p'	p'	
22	ქ	k'	k'	
23	ღ	gh	gh	
24	ყ	q	q	
25	შ	sh	sch	
26	ჩ	ch'	tsch	
27	ც	ts'	z	
28	ძ	dz	ds	
29	წ	ts	z	
30	ჭ	ch	tsch	
31	ხ	kh	ch	
32	ჯ	j	dsch	
33	ჰ	h	h	

(A) *ss* zwischen Vokalen

Griechisch Duden

In: Griechenland, Zypern
Für: Griechisch

Empfohlen wird eine adaptierte Transkription nach DUDEN (2003), Satz und Korrektur bzw. nach ISO 843:1997.

		Anmerkung
A α	a	
αυ	av, af	v vor β, γ, δ, ζ, λ, μ, ν, ρ und allen Vokalen; f vor θ, κ, ξ, π, σ, τ, φ, χ, ψ und am Wortende
AŸ, αü	ay	auch, wenn der erste Vokal einen Akzent hat
B β	v	
Γ γ	g	
γγ	ng	
γκ	gk	
γξ	nx	
γχ	nch	
Δ δ	d	
E ε	e	
ευ	ev, ef 29	v vor β, γ, δ, ζ, λ, μ, ν, ρ und allen Vokalen; f vor θ, κ, ξ, π, σ, τ, φ, χ, ψ und am Wortende
εü	ey	
Z ζ	z	
H η	i	
ηυ	iv, if	v vor β, γ, δ, ζ, λ, μ, ν, ρ und allen Vokalen; f vor θ, κ, ξ, π, σ, τ, φ, χ, ψ und am Wortende
ηü	iy	
Θ θ	th	
Ι ι	i	
K κ	k	
Λ λ	l	
M μ	m	
μπ	b, mp	b am Wortanfang und Wortende; mp im Inneren eines Wortes
N ν	n	
ντ	nt	
Ξ ξ	x	
O o	o	
ου	ou	
oü	oÿ	
Π π	p	
P ρ	r	
Σ σ ς	s	
T τ	t	
Y u	y, v, f	v bzw. f nach α, ε, η (siehe entsprechende Kombinationen), außer bei Akzent auf erstem Vokal
Ÿ ü	y	
Φ φ	f	
X χ	ch	
Ψ ψ	ps	
Ω ω	o	

Hanyu-Pinyin

In: China, Taiwan
Für: Chinesisch

    In China existiert seit 1957 die offizielle Hanyu-Pinyin-Umschrift. Diese ist für die Namenschreibung des Chinesischen auch in Taiwan heranzuziehen.

Hunterian

In: Pakistan
Für: Hindi, Urdu

    Empfohlen wird das Hunterian System. Dieses wird im „Report on the Current Status of United Nations Romanization Systems for Geographical Names" (Internet-Version unter http://www.eki.ee/wgrs/) zusätzlich zum UN-System bei Hindi bzw. Urdu ausführlich beschrieben.

Iwrit Duden

In: Israel
Für: Iwrit

Empfohlen wird eine modifizierte Umschrift nach DUDEN (2003), Satz und Korrektur.

	abweichende Form	empfohlen	Abweichung in BGN
א		-	,
ב		b	
בּ		v	
ג	(ג)[1]	g	
ד	(ד)[1]	d	
ה		h[2]	
ו		w[3]	
ז		z	
ח		ch	h̲
ט		t	
י		y[4]	
כ	[ך][5]	k	
כ	[ךּ][5]	kh	
ל		l	
מ	[ם][5]	m	
נ	[ן][5]	n	
ס		s	
ע		-	,
פ		p	
פ	[ף][5]	f	
צ	[ץ][5]	z	z̲
ק		k	q
ר		r	
שׁ		sch	sh
שׂ		s	
ת	(ת)[1]	t	

Vokale (א steht für einen beliebigen Konsonanten)

	empfohlen	Abweichung in BGN
אַ	a	
אָ	a	
אֳ	a[6]	
אֶ	e	
אֵ	e	
אֱ	e	é[7]
אֵי	e	
אְ	e[8]	
אִ	i	
אִי	i	
אֹ	o	
אׁ	o	
וֹ	o	
אֻ	u	
וּ	u	

Anmerkungen:

1 Am Beginn eines Namens oder einer Silbe nach *Schwa nach* trägt der Buchstabe einen Punkt *(Dagesch kal)*.

2 Wird am Wortende durch Trema über dem letzten Vokal wiedergegeben.

3 Zeichen kann auch Teil der beiden Vokale וֹ und וּ sein.

4 Zeichen kann auch Teil der beiden Vokale אֵי und אִי.

5 Form am Wortende.

6 In seltenen Fällen mit o umgeschriftet.

7 Mit Akzent, wenn betont.

8 Das Zeichen *Schwa* (אְ) hat zwei Varianten: *Schwa nach*, das nicht umgeschriftet wird und *Schwa na*, das am Anfang eines Wortes oder einer Silbe vorkommt. Es wird nur mit *e* umgeschriftet, wenn es wirklich klingt. Beispiel: בְּנֵי בְּרָק *Bne Brak* (nicht *Bene Berak*), sondern גְּאוּלִים *Geulim*.

Kasachisch (Kyrillisch)

In: Kasachstan

Für: Kasachisch

Empfohlen wird der offizielle Umschriftungsvorschlag der kasachischen Regierung:

А а	A a		Л л	Л л		Х х	X x	
Ә ә	Ä ä		М м	М м		һ h	H h	
Б б	B b		Н н	Н н		Ц ц	C c	
В в	V v		Ң ң	Ң ң		Ч ч	Ç ç	
Г г	G g		О о	O o		Ш ш	Ş ş	
Ғ ғ	Ğ g		Ө ө	Ө ө		Щ щ	Ş ş	
Д д	D d		П п	П п		Ы ы	I ı	
Е е	E e		Р р	P p		І і	I i	
Ж ж	J j		С с	C c		Э э	E e	
З з	Z z		Т т	T т		Ю ю	Yu yu	
И и	Ï ï		У у	У y		Я я	Ya ya	
Й й	Y y		Ұ ұ	Ұ ұ		ь	-	
К к	K k		Ү ү	Ү y		ъ	-	
Қ қ	Q q		Ф ф	Ф ф				

Khmer UN

In: Kambodscha
Für: Khmer

Empfohlen wird die offizielle Umschrift der Vereinten Nationen, wie sie von der Working Group on Romanization Systems der United Nations Group of Experts on Geographical Names (UNGEGN) im „Report on the Current Status of United Nations Romanization Systems for Geographical Names" (Internet-Version unter http://www.eki.ee/wgrs/) veröffentlicht wurde.

Koreanisch BGN, vereinfacht AKO

In: Nordkorea, Südkorea
Für: Koreanisch

Empfohlen wird folgende Umschriftung. Sie folgt dem auch vom U.S. Board on Geographic Names (BGN) am „NGA GEOnet Names Server (GNS)" der National Geospatial-Intelligence Agency (Adresse zur Zeit der Drucklegung: http://earth-info.nga.mil/gns/html/index.html) verwendeten McCune-Reischauer-System mit folgenden Vereinfachungen:

Weglassung des Apostrophs bei *k', t', p', ch'*
Weglassung des Häkchens oder Bogens über den Buchstaben *ŏ* und *ŭ*

		BGN	Anm.	empfohlen	Anm.				BGN	Anm.	empfohlen	Anm.
1	ㄱ	k		k			21	ㅓ	ŏ		o	
2	ㅋ	k'		k			22	ㅗ	o		o	
3	ㄲ	kk		kk			23	ㅜ	u		u	
4	ㄷ	t		t			24	ㅡ	ŭ		u	
5	ㅌ	t'		t			25	ㅣ	i		i	
6	ㄸ	tt		tt			26	ㅐ	ae		ae	
7	ㅂ	p		p			27	ㅔ	e		e	
8	ㅍ	p'		p			28	ㅚ	oe		oe	
9	ㅃ	pp		pp			29	ㅑ	ya		ya	
10	ㅈ	ch		ch			30	ㅕ	yŏ		yo	
11	ㅊ	ch'		ch			31	ㅛ	yo		yo	
12	ㅉ	tch		tch			32	ㅠ	yu		yu	
13	ㅅ	s		s			33	ㅒ	yae		yae	
14	ㅆ	ss		ss			34	ㅖ	ye		ye	
15	ㅎ	h		h			35	ㅘ	wa		wa	
16	ㅇ	-, ng	(A)	-, ng	(A)		36	ㅝ	wŏ		wo	
17	ㄴ	n		n			37	ㅟ	wi		wi	
18	ㄹ	r, n, l		r, n, l			38	ㅙ	wae		wae	
19	ㅁ	m		m			39	ㅞ	we		we	
20	ㅏ	a		a			40	ㅢ	ŭi		ui	

(A) ㅇ wird am Silbenanfang nicht umgeschriftet, am Silbenende wird das Zeichen mit *ng* umgeschriftet.

Hinweis: Die Aussprache des Koreanischen, auf der die Umschriftung der koreanischen Silben basiert, folgt komplizierten Regeln. Die Tabelle zeigt daher nur die typischsten Fälle. Die meisten Varianten betreffen Konsonanten, die häufig assimiliert werden, wenn sie in Kombinationen benutzt werden.

Kyrillisch AKO

In: Georgien, Kirgisistan, Moldau, Mongolei, Russland, Tadschikistan, Ukraine, Weißrussland

Für: Russisch, Kirgisisch, Weißrussisch, Inguschetisch, Kabardinisch, Mongolisch, Abchasisch, Adyge-Tscherkessisch, Baschkirisch, Burjatisch, Ossetisch, Ukrainisch, Tschuwaschisch, Awarisch, Abasinisch, Mansisch, Tscherkessisch, Balkarisch, Tschuktschisch, Korjakisch, Komi-Permjakisch, Nenzisch, Ewenkisch, Dolganisch, Chakassisch, Udmurtisch, Tadschikisch, Tschetschenisch, Tatarisch, Tuwinisch, Jakutisch, Mari, Komi-Syrjänisch, Altaisch, Ossetisch-Alanisch, Mordwinisch, Karelisch, Karatschaiisch, Kalmykisch, Chantisch

Empfohlen wird für die angeführten Sprachen mit kyrillischer Schrift eine gemeinsame Umschriftungstabelle, die auch die außerhalb des Russischen vorkommenden Sonderzeichen enthält:

I: empfohlen; II: BGN (soweit feststellbar); III: Zıkмund (betrifft nur GUS-Staaten)

	Zeichen	I	II	III			Zeichen	I	II	III
1	a	a	a	a		34	j	s. Anm.	j, y	j
2	ä	ä	ä	ä		35	к	k	k	k
3	ă	a				36	ќ	k	kh	
4	æ	ae				37	ҝ	k		
5	б	b	b	b		38	ҡ	k	q	q
6	в	s. Anm.	v	w, u		39	к	k		
7	г	s. Anm.	g, h	g, h		40	қ	k	q	q
8	ґ	g	g	g		41	л	l	l	l
9	ѓ	gh	đ, g			42	љ	lj	lj	
10	ғ	gh	gh	gh		43	л	l		
11	ђ	gh	gh	gh		44	л	l		
12	h	h	h	h		45	м	m	m	
13	д	d	d	d		46	н	n	n	
14	e	s. Anm.	e, ye	e, je		47	њ	nj	nj	
15	є	je	ye	je		48	ң	s. Anm.	ng	ng, n
16	ё	je				49	ӊ	ng		
17	ĕ	e				50	н	s. Anm.	ng	ng, n
18	ё	s. Anm.	ë, yë	jo, o		51	о	o	o	o
19	ж	s. Anm.	ž, zh, j	sh		52	ö	ö	ö	ö
20	җ	dsch	j	dsh, dh		53	ө	ö	ö	ö
21	җ	dsch	j	dsh		54	ӫ	ö		
22	ӂ	s	z	s		55	ҩ	jü		ju
23	з	s. Anm.	z			56	п	p	p	p
24	ҙ	dh	dh	dh		57	ԥ	p		p
25	ӟ	ds	dz	ds		58	p	r	r	r
26	ҙ	ds	dz	ds		59	с	s. Anm.	s	ss, s
27	s	dz	dz			60	ҫ	s. Anm.	s, th	ss, s, th
28	и	s. Anm.	i, y	i, y		61	т	t	t	t
29	й	i	í	i		62	ħ	ć	ć	
30	й	y	y	y		63	ҭ	t	t	t
31	й	s. Anm.	y	i, j		64	у	u	u, ū	u
32	і	i	i	i		65	ÿ	ü	ü	ü
33	ї	ji	yi	ji		66	ӯ	u		u

	Zeichen	I	II	III
67	ў	s. Anm.	w	u
68	ÿ	ü		
69	ү	ü	ü	ü
70	ұ	u	u	u
71	ф	f	f	f
72	х	ch	kh, h	ch
73	ҳ	h	h	h
74	ц	z	c, ts	z
75	ц̦	z	ts	tz
76	џ	dž	dž	
77	ч	tsch	č, ch	tsch
78	ҷ	dsch	j	dsh
79	ҹ	dsch		
80	ӵ	tsch	ch	tsch
81	ч̌	dsch	j	dsh
82	ҽ	tsch	ch	tsch
83	ҿ	tsch	ch	tsch

	Zeichen	I	II	III
84	ш	sch	š, sh	sch
85	щ	schtsch	shch, sht	
86	ъ	s. Anm.	"	
87	ы	y	y	y
88	ӹ	y	y	y
89	ь	s. Anm.	,	j
90	э	e	e, ė	e
91	ә	s. Anm.	ä	
92	ӧ	ö		
93	ю	ju	yu	ju
94	ю̆	ju		
95	я	ja	ya	ja
96	я̆	ja		
97	I	-		
98	'	-		
99	"	-		

Anmerkungen:

Zu 6:   Ukr.: vor Konsonant und am Wortende: *u*, sonst *w*; übrige Sprachen: *w*

Zu 7:   Ukr., Wßruss.: *h*; sonst: *g*

Zu 14: Ukr.: *e*; Russ (wenn nicht unter 18 fallend) und übrige Sprachen: Wortanfang, nach ъ, ь oder Apostroph, vor Vokal: *je* (Russ. bei Aussprache *jo* oder *o*: siehe 18); Wßruss.: *je*

Zu 18: Nach *sch: o*, sonst: *jo*

Zu 19: Einige nichtslaw. Sprachen, u.a. Kasach., Kirgis., Mongol., Tadschik.: *dsch* (*dsh* bei ZIKMUND); übrige Sprachen: *sch* (*sh* bei ZIKMUND)

Zu 23: Mongol.: *ds*; übrige Sprachen: *s*

Zu 28: Ukr.: *y*; übrige Sprachen: *i*

Zu 31: vor Vokal, nach *e, i, y: j*, sonst: *i*

Zu 34: *j*, nur Altaisch am Wortanfang: *dj*

Zu 48: vor *g* und *k: n*, sonst: *ng*

Zu 50: vor *g* und *k: n*, sonst: *ng*

Zu 59: zwischen Vokal *ss*, sonst *s* (ZIKMUND: *ss* auch am Wortanfang und vor *f, m, n, r, w*)

Zu 60: Baschkir., Tatar.: zwischen Vokalen: *ss*, sonst: *s*

Zu 67: Usbek.: *o*; übrige Sprachen: *u*

Zu 86: wird im Normalfall nicht wiedergegeben, siehe aber Anm. zu Nr. 14

Zu 89: wird im Normalfall nicht wiedergegeben, siehe aber Anm. zu Nr. 14

Zu 91: Abchas.: *u*; übrige Sprachen: *ä*

Laotisch BGN

In: Laos
Für: Laotisch

Empfohlen wird das System des U.S. Board on Geographic Names (BGN), wie es von der Working Group on Romanization Systems der United Nations Group of Experts on Geographical Names (UNGEGN) im „Report on the Current Status of United Nations Romanization Systems for Geographical Names" (Internet-Version unter http://www.eki.ee/wgrs/) veröffentlicht wurde. Für die Praxis kann auf die umgeschrifteten Formen am „NGA GEOnet Names Server (GNS)" der National Geospatial-Intelligence Agency (Adresse zur Zeit der Drucklegung: http://earth-info.nga.mil/gns/html/index.html) zurückgegriffen werden.

Makedonisch UN

In: Makedonien (auch: Mazedonien)
Für: Makedonisch

Empfohlen wird die offizielle Umschriftung der Vereinten Nationen, wie sie von der Working Group on Romanization Systems der United Nations Group of Experts on Geographical Names (UNGEGN) im „Report on the Current Status of United Nations Romanization Systems for Geographical Names" (Internet-Version unter http://www.eki.ee/wgrs/) veröffentlicht wurde.

Modified Hepburn

In: Japan
Für: Japanisch

Empfohlen wird das Modified-Hepburn-System. Dieses wird im „Report on the Current Status of United Nations Romanization Systems for Geographical Names" (Internet-Version unter http://www.eki.ee/wgrs/) Japanisch neben anderen Systemen beschrieben.

Mongolisch UN

In: China
Für: Mongolisch (China)

In der Inneren Mongolei wird Mongolisch in einer eigenen Schrift geschrieben.
Empfohlen wird die offizielle Umschriftung der Vereinten Nationen, wie sie von der Working Group on Romanization Systems der United Nations Group of Experts on Geographical Names (UNGEGN) im „Report on the Current Status of United Nations Romanization Systems for Geographical Names" (Internet-Version unter http://www.eki.ee/wgrs/) veröffentlicht wurde.

Nepali BGN

In: Nepal
Für: Nepali

Empfohlen wird das System des U.S. Board on Geographic Names (BGN), wie es von der Working Group on Romanization Systems der United Nations Group of Experts on Geographical Names (UNGEGN) im „Report on the Current Status of United Nations Romanization Systems for

Geographical Names" (Internet-Version unter http://www.eki.ee/wgrs/) veröffentlicht wurde. Für die Praxis kann auf die umgeschrifteten Formen am „NGA GEOnet Names Server (GNS)" der National Geospatial-Intelligence Agency (Adresse zur Zeit der Drucklegung: http://earth-info.nga.mil/gns/ html/index.html) zurückgegriffen werden.

Paschto BGN, vereinfacht AKO

In: Afghanistan
Für: Paschto

Empfohlen wird folgende Umschriftung. Für praktische Zwecke wird wieder die Umformung von Namenformen des „NGA GEOnet Names Server"(=BGN) angeführt:

	Zeichen	BGN	Anm.	empfohlen	Anm.
1	ا	-	(A)	-	(A)
2	ب	b		b	
3	پ	p		p	
4	ت	t		t	
5	ټ	ṯ		t	
6	ث	s̄		s/ss	(D)
7	ج	j		dsch	
8	چ	ch		tsch	
9	څ	ts		z	
10	ځ	dz		ds	
11	ح	ḥ		h	
12	خ	kh		ch	
13	د	d		d	
14	ډ	ḏ		d	
15	ذ	ẕ		s	
16	ر	r		r	
17	ړ	ṟ		r	
18	ز	z		s	
19	ژ	zh		sch	
20	ږ	zh		sch	
21	س	s		s/ss	(D)
22	ش	sh		sch	
23	ښ	sh		sch	
24	ص	ṣ		s/ss	(D)
25	ض	ẕ		s	
26	ط	ṭ		t	
27	ظ	ẕ		s	
28	ع	'		-	(B)
29	غ	gh		gh	
30	ف	f		f	
31	ق	q		k	
32	ک	k		k	
33	(ګ) گ	g		g	
34	ل	l		l	
35	م	m		m	
36	ن	n		n	
37	ڼ	ṉ		n	
38	و	w		w	
39	ه	h		h	
40	(ي) ی	y		j	

Vokalzeichen (ﺏ bzw. ○ steht für einen beliebigen Konsonanten. Im normalen Gebrauch ist die Angabe von Vokalen nicht üblich):

	Zeichen	BGN	Anm.	empfohlen	Anm.
1	بَ	a		a	
2	بَا	ā		a	
3	بِ	i		i	
4	بِى	ī		i	
5	بِي	ī		i	
6	بَىْ	ay		ai	
7	بِىْ	ey		ei	
8	ئَ	ey		ei	
9	ى	ē		e	
10	بِو	ew		ew	
11	○	ê		e	
12	ـَى	êy		ei	
13	بُ	u		u	
14	بُو	ū		u	
15	بُوْ	ow		ow	
16	بُوى	ūy		ui	
17	آ	ā		a	
18	ء	'	(Apostroph)	'	(Apostroph)
19	بّ		(C)		(C)

(A) Einzeln nicht umgeschriftet, aber Kombinationen bei den Vokalzeichen beachten (2, 17).

(B) nicht umgeschriftet.

(C) markiert Verdopplung eines Konsonanten.

(D) ss zwischen Vokalen

Persisch BGN, vereinfacht AKO

In: Afghanistan, Iran
Für: Persisch, Dari

Empfohlen wird folgende Umschriftung. Für praktische Zwecke wird wieder die Umformung von Namenformen des „NGA GEOnet Names Server"(=BGN) angeführt:

	Zeichen	Bezeichnung	BGN	Anm.	empfohlen	Anm.
1	ا	alef	-	(A)	-	(A)
2	ب	be	b		b	
3	پ	pe	p		p	
4	ت	te	t		t	
5	ث	se, sa	$\bar{s}$		s/ss	(G)
6	ج	dschim	j		dsch	
7	چ	tsche	ch		tsch	
8	ح	he	$\d{h}$		h	
9	خ	che, cha	kh		ch	
10	د	dāl	d		d	
11	ذ	zāl	$\bar{z}$		s	
12	ر	re, rā	r		r	
13	ز	ze, zā	z		s	
14	ژ	že, žā	zh		sch	
15	س	sin	s		s/ss	(G)
16	ش	šīn	sh		sch	
17	ص	sād	$\d{s}$		s/ss	(G)
18	ض	zād	$\underline{z}$		s	
19	ط	tā	$\d{t}$		t	
20	ظ	zā	$\underline{z}$		s	
21	ع	eyn	,	(Apostroph)	,	(Apostroph)
22	غ	gheyn	gh		gh	
23	ف	fe, fa	f		f	
24	ق	ghāf	q		k	
25	ك	kāf	k		k	
26	گ	gāf	g		g	
27	ل	lām	l		l	
28	م	mim	m		m	
29	ن	nun	n		n	
30	و	wāw	v		w	
31	ه	he, hā	h		h	
32	ى	ye, yā	y		j	

Vokalzeichen (○ steht für einen beliebigen Konsonanten. Für die im normalen Gebrauch nicht übliche Bezeichnung von Vokalen werden im Persischen 2 Systeme benutzt – eine persische Tradition und eine arabische. In der Tabelle sind die beiden Systeme durch Schrägstrich getrennt.)

	Zeichen	BGN	Anm.	empfohlen	Anm.
1	‵	a		a	
2	‚	e		e	
3	’	o		o	
4	اَ / اٰ	ā		a	
5	◌ٰى / ىٰ	á		a	
6	آ	’ā, ā	(B)	a	
7	◌ِى / ى	ī		i	
8	◌ُو / و	ū		u	
9	◌َى / ◌ِى	ey		ei	
10	◌َو / ◌ُو	ow		ow	
11	°		(C)		(C)
12	◌ٔ	’			(C)
13	ّ		(D)		(D)
14	◌	-e	(E)	e	
15	◌ى	-ye	(F)	je	(F)

(A) Einzeln nicht umgeschriftet, aber Kombinationen bei den Vokalzeichen beachten (4, 5, 6).

(B) Wortanfang

(C) nicht umgeschriftet.

(D) markiert Verdopplung eines Konsonanten.

(E) nach Konsonant (außer –ah)

(F) zweite Form nach Vokal (s. auch Anmerkung 2.)

(G) ss zwischen Vokalen

Anmerkungen:

1. Die Adjektiv-Endung arabischer Herkunft ـيه im Persischen wird in BGN als –īyeh, in der empfohlenen Transkription als –ija umgeschriftet. Die Wiedergabe des bestimmten Artikels erfolgt nach den Regeln der Konsonanten-Assimilation, wie sie auch für die Umschriftung des Arabischen gelten, z.B. زين الدين Zejn od Dīn.

2. Die Endung für Zugehörigkeit (ezāfeh) –e wird im Persischen nach einem Konsonanten nicht geschrieben. Jedoch schreibt man nach ا oder و als ى, z.B. آب پاى Pa-je Ab. Nach ى sowie ه am Wortende wird sie durch Hamzeh über dem Buchstaben wiedergegeben: دهانة منبر Dahaneh-je Mambar.

Serbisch UN

In: Bosnien und Herzegowina, Kosova/Kosovo, Montenegro, Serbien
Für: Montenegrinisch, Serbisch

Empfohlen wird die offizielle Umschriftung der Vereinten Nationen, wie sie von der Working Group on Romanization Systems der United Nations Group of Experts on Geographical Names (UNGEGN) im „Report on the Current Status of United Nations Romanization Systems for Geographical Names" (Internet-Version unter http://www.eki.ee/wgrs/) veröffentlicht wurde.

Singhalesisch BGN

In: Sri Lanka
Für: Singhalesisch

Empfohlen wird das System des U.S. Board on Geographic Names (BGN), wie es von der Working Group on Romanization Systems der United Nations Group of Experts on Geographical Names (UNGEGN) im „Report on the Current Status of United Nations Romanization Systems for Geographical Names" (Internet-Version unter http://www.eki.ee/wgrs/) veröffentlicht wurde. Für die Praxis kann auf die umgeschrifteten Formen am „NGA GEOnet Names Server (GNS)" der National Geospatial-Intelligence Agency (Adresse zur Zeit der Drucklegung: http://earth-info.nga.mil/gns/html/index.html) zurückgegriffen werden.

Tamilisch BGN

In: Sri Lanka
Für: Tamilisch

Empfohlen wird das System des U.S. Board on Geographic Names (BGN), wie es von der Working Group on Romanization Systems der United Nations Group of Experts on Geographical Names (UNGEGN) im „Report on the Current Status of United Nations Romanization Systems for Geographical Names" (Internet-Version unter http://www.eki.ee/wgrs/) veröffentlicht wurde. Für die Praxis kann auf die umgeschrifteten Formen am „NGA GEOnet Names Server (GNS)" der National Geospatial-Intelligence Agency (Adresse zur Zeit der Drucklegung: http://earth-info.nga.mil/gns/html/index.html) zurückgegriffen werden.

Thai BGN=UN

In: Thailand
Für: Thai

Empfohlen wird das System des U.S. Board on Geographic Names (BGN), wie es von der Working Group on Romanization Systems der United Nations Group of Experts on Geographical Names (UNGEGN) im „Report on the Current Status of United Nations Romanization Systems for Geographical Names" (Internet-Version unter http://www.eki.ee/wgrs/) veröffentlicht wurde. Für die Praxis kann auf die umgeschrifteten Formen am „NGA GEOnet Names Server (GNS)" der National Geospatial-Intelligence Agency (Adresse zur Zeit der Drucklegung: http://earth-info.nga.mil/gns/html/index.html) zurückgegriffen werden.

Tibetisch BGN

In: China
Für: Tibetisch in tibetischer Schrift

Empfohlen wird das System des U.S. Board on Geographic Names (BGN), wie es von der Working Group on Romanization Systems der United Nations Group of Experts on Geographical Names (UNGEGN) im „Report on the Current Status of United Nations Romanization Systems for Geographical Names" (Internet-Version unter http://www.eki.ee/wgrs/) veröffentlicht wurde. Für die Praxis kann auf die umgeschrifteten Formen am „NGA GEOnet Names Server (GNS)" der National Geospatial-Intelligence Agency (Adresse zur Zeit der Drucklegung: http://earth-info.nga.mil/gns/html/index.html) zurückgegriffen werden.

Tigrinya BGN

In: Eritrea
Für: Tigrinya

Empfohlen wird das System des U.S. Board on Geographic Names (BGN), wie es von der Working Group on Romanization Systems der United Nations Group of Experts on Geographical Names (UNGEGN) im „Report on the Current Status of United Nations Romanization Systems for Geographical Names" (Internet-Version unter http://www.eki.ee/wgrs/) veröffentlicht wurde. Für die Praxis kann auf die umgeschrifteten Formen am „NGA GEOnet Names Server (GNS)" der National Geospatial-Intelligence Agency (Adresse zur Zeit der Drucklegung: http://earth-info.nga.mil/gns/html/index.html) zurückgegriffen werden.

Uigurisch BGN

In: China
Für: Uigurisch in arabischer Schrift

Empfohlen wird das System des U.S. Board on Geographic Names (BGN), wie es von der Working Group on Romanization Systems der United Nations Group of Experts on Geographical Names (UNGEGN) im „Report on the Current Status of United Nations Romanization Systems for Geographical Names" (Internet-Version unter http://www.eki.ee/wgrs/) veröffentlicht wurde. Für die Praxis kann auf die umgeschrifteten Formen am „NGA GEOnet Names Server (GNS)" der National Geospatial-Intelligence Agency (Adresse zur Zeit der Drucklegung: http://earth-info.nga.mil/gns/html/index.html) zurückgegriffen werden.

3 Zum Aufbau und zur Verwendung der Namenlisten
(Lukas BIRSAK 3.1-3.3.1, Josef BREU 3.3.2)

3.1 Gliederung der Namenlisten

Die Namenlisten gliedern sich in

(a) Namenlisten der einzelnen Staaten, staatsähnlichen politischen Einheiten sowie der Antarktis. Sie enthalten den Hauptteil des Materials (S. 51).

(b) Namenlisten von auf mehrere Staaten aufgeteilten Großregionen (S. 120).

(c) Namenlisten der Meere und Meeresteile (S. 121).

In keinem Fall ist mit der Nennung eines geographischen Objekts oder einer politischen Einheit in einer der aufgeführten Namenlisten eine Stellungnahme zu staatsrechtlichen Fragen verbunden.

3.2 Aufbau der Länderteile

Bei jedem Land finden sich die folgenden **Angaben**, die wie folgt zu interpretieren sind:

(1) Empfohlener **Name des Landes** (oder der staatsähnlichen politischen Einheit)

(2) Amtssprachen: Unverbindliche Information über Amtssprachen des Landes aus verschiedenen Quellen, soweit diese für redaktionelle Zwecke im Bildungsbereich von Bedeutung sein können (zum Begriff der Amtssprache s. 2.1). Durch gesetzliche Bestimmungen können sich Amtssprachen verändern, daher kann sich diese Information nur auf den Zeitpunkt des Redaktionsschlusses der vorliegenden Publikation beziehen.

Ferner ist zu beachten, dass nicht notwendigerweise jeder in der betreffenden Liste angegebene Name ursprünglich einer der genannten Amtssprachen angehören muss. So ist z.B. der Name der korsischen Stadt *Bonifacio* zwar seiner Herkunft und Form nach italienisch, er ist aber zugleich der einzige französische amtliche Name der Stadt.

(3) Empfohlene Sprachen/Umschriftungen: Sprachen, aus denen die Endonyme zu schöpfen wären. Im Falle mehrerer Sprachen sollen die Endonyme in der angegebenen Reihenfolge geschrieben werden. Müssen aus Platzmangel Namenformen entfallen, entfällt die der letztangeführten Sprache als erste. Für nicht-lateinschriftige Sprachen ist die empfohlene Umschriftung angeführt (siehe dazu Abschnitt 2.6).

(4) Besonderheiten: Weitere länderspezifische Besonderheiten der Namenverwendung und Namenschreibung.

(5) Namenliste: Sie enthält alle empfohlenen deutschen Namenformen und manchmal auch Endonyme. Die Zusätze in runden Klammern dienen der Information und sind nicht Teil der Namen, wie sie in Publikationen angeführt werden sollen. Folgende Zusätze sind möglich:

(dt): Empfohlene deutsche Namenform. Sie muss nicht unbedingt eine sprachlich deutsche Wurzel haben, sondern kann auch aus anderen Sprachen entlehnt sein. Der Hinweis bedeutet also v.a. eine im Deutschen gegenüber endonymischen Formen zu bevorzugende Form.
Die Listen enthalten rund 2.000 deutsche Namenformen. Die Verwendung weiterer, nicht in den Listen genannter deutscher Namen bleibt der redaktionellen Entscheidung überlassen. Solche deutsche Namen sollen aber nicht die hier empfohlenen ersetzen.

(End): Endonym. Es wird bei Siedlungs- und Flussnamen stets zusätzlich zum deutschen Namen genannt; darüber hinaus oder ohne deutschen Namen nur, wenn es erfahrungsgemäß oft falsch geschrieben wird.

(Sprachabkürzung End): Endonym mit Sprachangabe in Fällen, in denen die Verwendung von Endonymen mehrerer Sprachen empfohlen wird. Folgende Sprachabkürzungen kommen dabei vor:

abor	Aborigines-Sprachen
afr	Afrikaans
alb	Albanisch
arab	Arabisch
chin	Chinesisch
dt	Deutsch
eng	Englisch
frz	Französisch
gr	Griechisch
it	Italienisch
mak	Makedonisch
ndl	Niederländisch
nep	Nepalesisch
pilipino	Pilipino
rätor	Rätoromanisch
rum	Rumänisch
russ	Russisch
serb	Serbisch
sing	Singhalesisch
span	Spanisch
tam	Tamilisch
tigr	Tigrinisch
türk	Türkisch
uigur	Uigurisch
ung	Ungarisch
weißruss	Weißrussisch

(dt, wahlweise vor- oder nachrangig): Eine deutsche Namenform kann wahlweise an erster oder anderer Stelle verwendet werden. Außer in Fällen von Platzmangel soll sie aber nie allein verwendet werden. Beispiel: „*Veldes* (dt, wahlweise vor- oder nachrangig)" kann vor oder nach dem Endonym *Bled* gereiht werden.

anstatt: Die dem „anstatt" folgende Namenform soll nicht verwendet werden. Beispiel: „*Fuchsinseln* (dt), anstatt *Foxinseln*".

auch anstatt: Auch eine weitere Namenform soll nicht verwendet werden. Beispiel: „*Kap Wuxa* (dt), anstatt: *Kap Grambusis* (dt), auch anstatt: *Kap Kimaros*".

Nicht aufzunehmen: Diese Namenform soll nicht verwendet werden, weil sie nicht korrekt ist.

[Regionsangabe: Flussname]: Weiterer, für einen Flussabschnitt geltender Name. Er wäre in Karten (nicht in Texten) entlang der entsprechenden Flussstrecke zu verwenden.

auch: Alternative Namenform, die anstelle der Hauptform oder auch gemeinsam mit dieser verwendet werden kann. Im zweiten Fall sind die beiden Formen durch Schrägstrich zu trennen. Beispiel: „*Hohe Tatra* (dt), auch: *Tatra* (dt)"

[deutsche Namenform]: Nachrangige deutsche Namenform. Sie soll in Karten deutlich von anderen nachrangigen Formen unterschieden werden, z.B. durch eckige Klammern, wenn sonst zum Ausdruck von Nachrangigkeit runde Klammern verwendet werden (s. auch 6.1). In sonstigen Publikationen kann die Kennzeichnung auch auf andere Art erfolgen.

Anm.: Nähere Erläuterung zu einer Namensform.

Die Namen der Liste sind für jedes Land nach folgenden Objektkategorien geordnet:

Berge, Gebirge
Gewässer
Inseln
Kaps
Landschaften
Pässe
Ruinenstätten
Siedlungen
Sonstiges

3.3 Regeln zur Wahl der zweckmäßigen Namenformen mit Hilfe der Namenlisten

3.3.1. Schema zur Entscheidung über eine Namenform

Die Wahl bestimmter Namenformen für geographische Objekte ist immer auch Ausdruck von persönlichen Gewohnheiten, wissenschaftlichen Überzeugungen, politischen Einstellungen und rechtlichen Rahmenbedingungen. Empfehlungen wie in dieser Publikation sollen solche individuelle Entscheidungen nicht unmöglich machen. Im redaktionellen, journalistischen oder schulischen Alltag greift man aber doch gern zu Standards, weil sich eine individuelle Entscheidung oft als schwierig erweist und Standards sowohl die Kommunikation erleichtern als auch den Arbeitsablauf beschleunigen.

Daher wird im Folgenden ein Entscheidungsbaum angeboten, wie man mithilfe der Namenlisten und einiger allgemeiner Regeln für ein beliebiges geographisches Objekt zweckmäßige Namenformen ermitteln kann.

1. Scheinen deutsche Namenformen für das Objekt in den Namenlisten auf (als Kopfeintrag oder in der Liste selbst)?

JA → Verwende diese wie in Kap. 4. beschrieben

NEIN → gehe zu 2

2. Besitzt das Objekt eine deutsche Namenform mit einem Mindestgrad an Amtlichkeit (siehe Kap. 2.1)?

JA → Verwende die deutsche Namenform an erster Stelle, füge die anderen amtlichen Formen mit Schrägstrich an, sofern es sich um eine Schrägstrichkategorie (s. Kap. 4) handelt.

NEIN → gehe zu 3

3. Handelt es sich bei dem Objekt um ein Objekt, das sich über mehr als ein in den Namenlisten definiertes Sprachgebiet erstreckt?

JA → Wenn es eine den auf S. 12 genannten Kriterien entsprechende deutsche Namenform gibt, verwende diese. Bei europäischen Flüssen können im Bereich des jeweiligen Sprachgebietes in runder Klammer die Endonyme hinzugefügt werden oder kann eventuell auch ohne die deutsche Namenform geschrieben werden, wenn diese in der Nähe schon geschrieben wurde. Wenn es keine den auf S. 12 genannten Kriterien entsprechende deutsche Namenform gibt, ist das Objekt jeweils in jener empfohlenen Sprache zu schreiben, in deren Sprachgebiet der Namenszug gesetzt wird.

NEIN → gehe zu 4

4. Liegt das Objekt in einer Region außerhalb einer nationalen Benennungszuständigkeit (z.B. Antarktis oder internationale Meere)?

JA → Verwende die in den Listen angeführten deutschen Namenformen. Für nicht angeführte Namenformen obliegt die Namenwahl dem/der Redakteur/in.

NEIN → gehe zu 5

5. Handelt es sich bei dem Objekt um ein Objekt einer Fachwissenschaft oder des Tourismus?

JA → Wenn es eine den auf S. 12 genannten Kriterien entsprechende deutsche Namenform gibt, verwende diese. Wenn nicht, bilde eine neue deutsche Namenform.

NEIN → gehe zu 5

6. Handelt es sich bei dem Objekt um einen Berggipfel?

JA → Wenn es eine den auf S. 12 genannten Kriterien entsprechende deutsche Namenform gibt, verwende diese und füge in runder Klammer das/die Endonym/e hinzu.

NEIN → gehe zu 6

7. Handelt es sich bei dem Objekt um einen Kontinent, Subkontinent, eine Bucht, ein Meer, einen Ozean, eine Meerenge, Meerestiefe, einen Tiefseegraben, Tiefseerücken?

JA → Wenn es eine den auf S. 12 genannten Kriterien entsprechende deutsche Namenform gibt, verwende nur diese.

NEIN → gehe zu 7

8. Handelt sich bei dem Objekt um einen von Österreich anerkannten Staat?

JA → Verwende den Staatennamen in der Kurzform der amtlichen Staatenliste des österreichischen Außenministeriums.

NEIN → gehe zu 8

9. Handelt es sich bei dem Objekt um einen Stausee, Damm, Flughafen, ein Kraftwerk, eine wissenschaftliche Station, einen Kanal, eine Brücke?

JA → gehe zu 9

NEIN → gehe zu 10

10. Enthält das Objekt in der endonymischen Form einen generischen und einen spezifischen Bestandteil?

JA → Folge den Regeln und Beispielen in Kapitel 3.3.2 zur Übersetzung oder Nichtübersetzung von generischen Bestandteilen und zur Anpassung der spezifischen Bestandteile

NEIN → gehe zu 10

11. Hat das Objekt am 1.1.2011 noch nicht existiert und gibt es eine den auf S. 12 genannten Kriterien entsprechende deutsche Namenform dafür?

JA → Verwende diese.

NEIN → Verwende das/die Endonym/e, wie in den Regeln zu den Namenlisten beschrieben (Wahl von Namenformen in angegebenen Amtsprachen, Verwendung der bestmöglichen Quellen, Umschriftung nach Regeln, Reihenfolge, ev. deutsche Formen in eckiger Klammer)

3.3.2 Fragen der Übersetzbarkeit von Bestandteilen zusammengesetzter geographischer Namen

Im Entscheidungsbaum unter 3.3.1 wird in Situation 9 in bestimmten Fällen die Übersetzung appellativischer Bestandteile ins Deutsche empfohlen. Dies kann im Einzelfall problematisch sein. Zum besseren Verständnis dienen die folgenden Ausführungen:

3.3.2.1 Bestandteile von geographischen Namen

Geographische Namen sind ihrer Bildung nach Simplizia (einfache, nicht zusammengesetzte Namen, z.B. *Wien*), Komposita (durch zusammengesetzte Namen, z.B. *Wiendorf*) oder durch Derivation (Ableitung) gebildete Namen (z.B. *Wiener Neustadt*).

„Propriale Bestandteile" sind solche Teile von zusammengesetzten geographischen Namen, die ihrerseits selbst Eigennamen oder von Eigennamen abgeleitete Eigenschaftswörter sind, z.B. in *Niagarafälle, Plateau de Langres, Franz-Josephs-Land, Dinarisches Gebirge, Nordkap* die Elemente *Niagara, Langres, Franz-Josephs-, Dinarisches.*

„Appellativische Bestandteile" sind solche Teile von zusammengesetzten geographischen Namen, die selbst keine Eigennamen sind, so in den obigen Beispielen die Elemente *fälle, Plateau, de, Land, Gebirge, Nord, kap.*

„Generische Bestandteile" sind solche Teile von zusammengesetzten geographischen Eigennamen, die angeben, welcher Art (Kategorie) von geographischen Objekten das bezeichnete Objekt angehört, so in den obigen Beispielen *fälle, Plateau, Land, Gebirge, kap.*

„Unechte (Falsche) generische Bestandteile" sind solche Teile von zusammengesetzten geographischen Namen, die ein geographisches Objekt fälschlicherweise einer bestimmten Art (Kategorie) zuweisen: *Totes Meer* (Binnensee!).

Als „spezifische Bestandteile" gelten ihrer Funktion nach solche Teile von zusammengesetzten geographischen Namen, die zu einem geographischen Namen hinzutreten und ihn von einem Namen derselben Objektart (Objektkategorie) unterscheiden und keinen generischen Bestandteil bilden: *Großglockner, Bruck an der Glocknerstraße. Alte Donau, Allgäuer Alpen, Dinarisches Gebirge, Niagarafälle, Plateau de Langres, Franz-Josephs-Land, Nordkap.*

3.3.2.2 Erfordernisse bei der Bildung neuer zusammengesetzter Exonyme

(a) Genaue Analyse des spezifischen Elements (Wortart, Kasus, Numerus, Ableitungssilben jeglicher Art usw.) und Richtigkeit der Übersetzung. Zum besseren Verständnis des Problems mögen die „Beispiele für Übersetzung des generischen Bestandteils" und die „Beispiele von Fehlern" beitragen.

(b) Die Regeln der deutschen Ableitungen *-er, -isch* und der Zusammen-, Bindestrich- und Getrenntschreibung sind zu beachten.

(c) Generische Bestandteile werden in der Regel nicht übersetzt, wenn es sich um Wörter handelt, die

- in der deutschen Fachsprache üblich sind, wie *fjord, polje, wadi, erg* usw.
- in der landeskundlichen Literatur gebräuchlich sind, wie *ras, dagù, shima, älv, jökull* usw.
- in der Originalsprache in einem weniger gebräuchlichen Synonym auftreten, wie englisch *head, point, ness* statt *cape*, russisch *nos* statt *mys*, italienisch *colle* statt *passo*, spanisch *sierra* statt *montes*, französisch *côte* statt *monts*.

(d) Der generische Bestandteil wird in der Regel nicht übersetzt, wenn die folgenden Wortarten im spezifischen Bestandteil weder übersetzt noch morphologisch auf deutsche Art adaptiert werden:

- appellativisches Adjektiv: *Canal Grande*
- propriales Adjektiv: *Livansko polje* (nach Siedlung Livno)
- Appellativ: *Place de la Concorde*
- Zahlwort: *Izu-shotō* (dem seltenen *Sieben Inseln* vorgezogen)
- Wortgruppen durch Kombination a) vorstehender oder b) anderer verschiedener Wortarten als spezifisches Element
    - a) *Old Wife's Lake* (Kanada)
    - b) *Qu'Appelle River* (Kanada)
- wenn ein attributives Adjektiv nicht übersetzbar ist: *Jablonowy chrebet, Fruška gora* (*chrebet* ‚Gebirgszug', *gora* ‚Berg, Wald' bleiben unübersetzt, weil für *jablonowy* bzw. für *fruška* eine sinnvolle Übersetzung nicht möglich ist)

3.3.2.3 Beispiele für die Übersetzung des generischen Bestandteils

Es handelt sich hier um die Bildung von Exonymen, die aus einem spezifischen und einem generischen Bestandteil bestehen, wobei der generische Bestandteil übersetzt wurde. Diese Beispiele zeigen vorkommende Fälle, nicht aber in jedem Fall empfohlene Exonyme.

Der spezifische Bestandteil bleibt unübersetzt:
- Personenname: *Baffin Island / Baffininsel, Cook Islands / Cookinseln*
- Schiffsname: *Resolution Island / Resolutioninsel* (SW-Neuseeland), *Endeavour Strait / Endeavourstraße* (bei Kap York)

- geographischer Name, wenn der zugrunde liegende Name nach den Empfehlungen ebenfalls nicht übersetzt wird: *Shetland Islands / Shetlandinseln, Lago d'Iseo / Iseosee, Antalya körfezi / Golf von Antalya*

Der spezifische Bestandteil wird morphologisch verändert:
- statt abgeleiteter Form: Grundform

  - Personenname

    chrebet Tscherskowo / Tscherskigebirge
    ostrow Wrangelja / Wrangelinsel
    more Laptewych (Mehrz.) / Laptewsee

  - geographischer Name

    Neretvanski kanal / Neretvakanal
    Gjiri i Drinit / Dringolf
    Pianura Padana / Poebene
    Munţii Ţibleşului / Ţibleşgebirge (Ţibleş ist der Hauptgipfel)

- statt Grundform: abgeleitete Form

  - geographischer Name

    London Basin / Londoner Becken
    Lago di Como / Comer See
    Lago di Lugano / Luganer See

- Änderung in der Ableitung: dt. *-er* Ableitungssilbe

  - geographischer Name

    Werchojanski chrebet / Werchojansker Gebirge (Werchojansk)
    Villányi-hegység / Villányer Gebirge (Villány)
    Argolikos Kolpos / Argolischer Golf (Argolis)
    Bassin Parisien / Pariser Becken (Paris)
    Munţii Rodnei / Rodnaer Gebirge (Rodna)
    Wyżyna Lubelska / Lubliner Höhe (Lublin)

Auch der spezifische Bestandteil wird übersetzt:
- Gattungswort

    Rat Islands / Ratteninseln (Aleuten)
    Îles de la Société / Gesellschaftsinseln
    Isla de Pascua / Osterinsel
    Halászbástya / Fischerbastei (Budapest)

- nichtpropriales Adjektiv

    Lake Superior / Oberer See
    Great Basin / Großes Becken
    Krasnaja ploschtschad / Roter Platz

- propriales Adjektiv

    Českomoravská vrchovina / Böhmisch-Mährische Höhe
    Levočské vrchy / Leutschauer Gebirge
    Pianura Veneta / Venezianisches Tiefland

- Zahlwort

  Thousand Islands / Tausend Inseln (Ontariosee)
  Devět skal / Neun Felsen (Böhmisch-Mährische Höhe)
  Izu-shotō / Sieben Inseln (Japan)

- Personenname

  Estrecho de Magallanes / Magellanstraße
  Piazza San Marco / Markusplatz

- geographischer Name, wenn der zugrunde liegende Name nach den Empfehlungen ebenfalls übersetzt wird

  Ciudad de México / Mexiko-Stadt
  Golfo di Napoli / Golf von Neapel

- Kombination verschiedener Wortarten und -gruppen

  Cape of Good Hope – Kaap die Goeie Hoop / Kap der Guten Hoffnung
  Great Bear Lake / Großer Bärensee
  Nine Degree Channel / Neungradkanal (Lakkadiven)
  George V Coast / Georg-V.-Küste (Antarktis)
  King George Island / König-Georg-Insel (Antarktis)

3.3.2.4 Beispiele von Fehlern

- *The Commonwealth of the Bahamas / Bund der Bahamas:* Falsche Übersetzung. Commonwealth entspräche Republik.

- *Munţii Apuseni / Apusenigebirge* (Rumänien): Unübersetztes Adjektiv kann nicht mit übersetztem generischen Bestandteil verbunden werden. Außerdem ist *apuseni* männlich und Mehrzahl, *Gebirge* sächlich und Einzahl. *apusean = westlich.* Ergäbe ‚*Westgebirge*‘, doch dies ist weder üblich noch sinnvoll. In solchen Fällen kann eine interpretative Übersetzung versucht werden: *Westsiebenbürgisches Gebirge* (nach Geographie-Duden). Eine ähnliche interpretative Übersetzung gibt *Északi-középhegység* mit *Nordungarisches Mittelgebirge* wieder. Wörtlich wäre es ‚*Nördliches Mittelgebirge*‘.

- *Žumberačka gora / Žumberačkagebirge* (Kroatien / Slowenien): Originalsprachiges Adjektiv kann nicht mit deutschem Substantiv verbunden werden. Ferner: *Žumberačka* ist weiblich, *Gebirge* sächlich. Zugrundeliegendes Hauptwort ist *Žumberak*, ein Gebietsname. Ergäbe *Žumberaker Gebirge*, wenn man nicht darauf überhaupt verzichten sollte. Das alte Exonym war *Uskokengebirge* nach *Uskočke planine*. Da *Žumberak* deutsch *Sichelburg* ist, war auch *Sichelburger Gebirge* üblich. Slowenisch ist *Gorjanci*. Die im ersten Satz genannte Regel kann durch sehr alten Gebrauch durchbrochen sein, besonders bei Namen von Kaps wie *Kap Verde* (älter auch *Grünes Vorgebirge*). Bei Kaps kommen auch andere sonst zu vermeidende hybride Bildungen vor: *Kap* als deutsche Übersetzung verbunden mit einem unübersetzten Gattungswort wie in *Kap Agulhas* (Variantenexonym: *Nadelkap*, korrekt gebildet). Hier gilt: Wenn ein nichtpropriales Eigenschaftswort oder ein Gattungswort im spezifischen Bestandteil nicht übersetzt wird, soll der generische Bestandteil auch unübersetzt bleiben, sofern nicht im Einzelfall eine sehr alte abweichende Tradition vorliegt.

- *chrebet Tscherskogo / Tschersker Gebirge* (Ostsibirien): Als Bezugswort wurde irrigerweise wohl ein geographischer Name angenommen. Es ist aber ein Personenname *(Tscherski)*; richtig: *Tscherskigebirge*.

- *King Island / Königsinsel* (Tasmanien): Hier handelt es sich nicht um den Gattungsnamen *king*, sondern um einen Personennamen *King*.

- *Werchojanski chrebet / Werchojanskgebirge* (Ostsibirien): Von Siedlungsnamen abgeleitete Gebirgsnamen erfordern in der Regel im Deutschen die er-Ableitung, richtig: *Werchojansker Gebirge*.

- *Yıldız dağları / Yildizgebirge* (Türkei/Bulgarien): Verstoß gegen die oben zum Stichwort *Žumberačka gora* formulierte Regel. Türkischer Neologismus, gebildet, um den Slawismus *Istranca dağları* (letztlich von altbulg. *stražica*) zu vermeiden. *yıldız* = ‚Stern' und (nautisch) ‚Norden'. Es wäre also ein ‚Nordgebirge'. Doch da bisher das Endonym ausreichte, ist es nicht ratsam, ein Exonym zu schaffen. Außerdem wäre ‚Nordgebirge' ebensowenig aussagekräftig wie die oben genannten Bildungen ‚Westgebirge' und ‚Nördliches Mittelgebirge'.

3.3.2.5 Weitere Richtlinien für die Übersetzung generischer Bestandteile

Grundsätzlich empfiehlt es sich, bei der Übersetzung des generischen Bestandteils nach analogen übersetzten Namenformen in den Listen zu suchen.

Sollten solche nicht vorhanden sein, empfehlen sich ferner die in der folgenden Tabelle „Objektarten und ihre Benennungen in deutschen Namenformen" gegebenen Richtlinien; sie beantworten die Frage, mit welchen Ausdrücken (Benennungen) Objekte bestimmter Kategorien (Objektarten) in deutschen Namenformen zu bezeichnen sind, gelten aber nur unter der Voraussetzung, dass in den länderweise geordneten Namenlisten keine anders lautenden Hinweise für die Benennung einzelner Objekte enthalten sind oder dass nicht für bestimmte Fälle der Gebrauch einer deutschen Namenform ausdrücklich ausgeschlossen wird.

In vielen Fällen ist die deutsche Benennung der jeweiligen Objektart zugleich auch die Benennung, die im Namen eines konkreten Einzelobjektes verwendet wird. (Beispiel: Was eine Oase ist, heißt *Oase*.) Dies gilt u.a. für die Objektarten und Benennungen: Indianerreservat, Inlandeis, Nationalpark, Ozean, Pforte, Platte, Provinzpark, Riff, Schwelle, Seenhochland, Seenplatte, Steppe, Tafelland, Wüste (Salz-, Sandwüste); ebenso für technische Objekte wie Leuchtturm, Luftstützpunkt, Schleuse, Sender.

Für
a) Niederungen verschiedener Art, wie Becken, Ebenen, Senken, Tiefebenen, Tiefländer (in Einzelfällen: Pfannen, wo im Englischen oder Afrikaans *pan* steht);
b) orographisch-flächenhafte Formationen, wie Bergländer, Hochländer, Hochplateaus, Hügelländer,

sind keine präzisen Angaben über die Zuordnung von Objektart und Benennung möglich. Die Benennung richtet sich jeweils nach der besonderen Art der Formation unter Berücksichtigung des in der Original- oder Vermittlersprache verwendeten Ausdrucks.

Bei manchen Objektarten kommt es vor, dass die in der Original- oder Vermittlersprache vorgefundene Benennung der Objektart unübersetzt übernommen wird. Hiezu zählen: Berggipfel, Gletscher, Täler, Flüsse, (Binnen-)Seen, Salzseen, (Einzel-)Inseln (nicht Inselgruppen!), Küsten, territoriale Verwaltungseinheiten.

Tabelle: Objektarten und ihre Benennungen in deutschen Namenformen

Objektart	Benennung in deutschen Namenformen
Einbuchtungen des Meeres	*Bucht*, fallweise *Golf*, namentlich, wenn die Original- oder Vermittlungssprache ein formal entsprechendes Wort (z.B. italienisch *golfo*, griechisch *kolpos*) verwendet. Selten *Meerbusen*, *Bai*.
Eisschelfformationen	*Schelfeis*
Fjordähnliche, einspringende enge Meeresteile	Der in der Originalsprache verwendete Ausdruck; wenn derselbe die formale Entsprechung von *Kanal* ist, wird dieses Wort gebraucht.
Haffe	Je nach geographischer Lokalisierung: *Haff*, *Lagune*, *Liman*
Halbinseln	Zumeist *Halbinsel*; aber oft bleibt diese Objektart in geographischen Namen unbezeichnet (z.B. Istrien).
Inselgruppen	*Inseln*, in einigen Fällen *Archipel*, *Gruppe*
Kaps	*Kap*; jedoch verbleiben in der Originalform: arabisch *ras* sowie einige Ausdrücke, die in der betreffenden Originalsprache ein zweitrangiges Synonym des jeweiligen Wortes für „Kap" sind, wie z.B. englisch *head*, *point*, französisch *pointe*, spanisch, portugiesisch *punta*, norwegisch *nas*, russisch *nos*.
Künstliche Wasserwege	*Kanal*
Landengen	*Landenge*, *Isthmus*
Meere (außer Ozeane)	*Meer*, in bestimmten Fällen *See* (bes. in Nordeuropa, Arktis, Antarktis, Indonesien)
Meerengen	*Straße*; in Einzelfällen, je nach dem betreffenden Wort in der Original- oder Vermittlersprache: *Sund*, *Kanal*
Meeresgräben	*Graben*
Meerestiefen	*Tief*
Mündungsarme	*Arm*
Nehrungen	Je nach geographischer Lokalisierung: *Nehrung*, *Lido*
Pässe	*Pass*, *Joch*, *Sattel*, jeweils entsprechend dem betreffenden Wort in der Originalsprache, auch der geographischen Beschaffenheit; in einigen Fällen bleiben italienische und französische Benennungen wie *col*, *colle*, *passo*, *sella* unübersetzt.
Stausee	*Stausee*; in Verbindung mit einem Siedlungsnamen „N": Stausee von N oder N-Stausee oder N-er Stausee
Sumpfgebiete	*Sumpf*, *Sümpfe*
Untiefen im Meer	*Bank*
Wasserfälle	*Fall*, *Fälle*

4   Namenanordnung in Karten oder Texten (Lukas Birsak)

Die weiter hinten anschließenden Namenlisten geben die empfohlene sprachliche Form oder Schreibweise von Namen geographischer Objekte an. Die folgenden Empfehlungen beziehen sich dagegen auf die typographische Darstellung der Namen in Karten und Texten. Dabei sind grundsätzlich folgende Fälle zu unterscheiden:

(a) Dem Objekt ist nur ein Endonym zugeordnet. Dies führt zur typographischen Darstellung dieses einen Endonyms. Das ist der „Normalfall" zumindest in Karten größeren Maßstabs, in denen auch bereits weniger wichtige Objekte zur Darstellung gelangen. In den Namenlisten sind aber solche Fälle nur erwähnt, wenn die Wahl der richtigen Endonymform bekanntermaßen Schwierigkeiten bereitet, z.B. durch eine besonders schwierige Schreibung.

(b) Dem Objekt sind mehrere gleichrangige Namenformen (Endonyme) zugeordnet, z.B. mehrere Endonyme in empfohlenen Amtssprachen oder eine amtliche deutsche Namenform und ein anderssprachiges Endonym. Auch diese Fälle sind in den Namenlisten nur ausnahmsweise erwähnt. Ob es mehrere gleichrangige Endonyme gibt, kann indirekt aus den Angaben über die Amtssprachen erschlossen werden. Sie wären in der typographischen Darstellung durch Schrägstrich oder ein vergleichbares Zeichen zu trennen. Müssen aus Platzmangel Namenformen entfallen, entscheidet bei mehreren Endonymen die Reihenfolge der empfohlenen Amtssprachen in den Kopftexten der Länderlisten. Eine unter den Namenformen eventuell vorkommende amtliche deutsche Namenform ist immer zu bevorzugen.

(c) Dem Objekt sind ein (in den Namenlisten) **empfohlener deutscher Name an erster und ein Endonym an zweiter Stelle zugeordnet.** Dieser Fall entspricht den meisten in den Namenlisten erfassten Siedlungen und Flüssen (vgl. Fall h). In Karten und Texten wären in diesem Fall zuerst der deutsche Name und nach ihm in runden Klammern das Endonym zu setzen, z.B. *Venedig (Venezia)*.

Für die Reihung „1. deutscher Name, 2. Endonym" und gegen die umgekehrte Reihung „1. Endonym, 2. deutscher Name", z.B. *Venezia (Venedig)*, sprechen folgende Erwägungen:

- Sie entspricht der Rangordnung, die diesen Ausdrücken im Sinne der Bildungsziele des Unterrichts zukommt.

- Bei Platzmangel auf der Karte muss die zweitgereihte Namenform entfallen; dabei wäre eine Beschränkung auf z.B. *Venedig* leichter hinzunehmen als auf *Venezia*.

- Die Reihung und, bei Platzmangel, die Beschränkung auf den deutschen Namen fügen sich konsequent zu dem ja wohl unbestrittenen Verfahren, etwa Gebietseinheiten und Landschaften bloß deutsch zu beschriften: Steht somit auf der Karte z.B. *Mailand (Milano)* oder auch nur *Mailand*, so passt dies besser zu einer Beschriftung wie z.B. *Lombardei*. Demgegenüber würde ein Nebeneinander von einerseits *Milano (Mailand)* und andererseits *Lombardei,* ebenso von *Milano* und *Lombardei,* inkohärent und verwirrend wirken.

(d) Dem Objekt sind ein (in den Namenlisten) **empfohlener deutscher Name und mehrere Endonyme an zweiter Stelle zugeordnet.** Entsprechen der deutschen Namenform mehrere anderssprachige Endonyme, so wären diese nach dem deutschen Namen in runden Klammern getrennt durch Schrägstrich oder ein vergleichbares Zeichen wie in Fall (b) zu schreiben. In Fällen von Platzmangel entfällt der Klammerausdruck. Bei Siedlungen, z.B. *Brüssel* (dt), *Bruxelles* (End französisch), *Brussel* (End niederländisch), Umsetzung auf der Karte: *Brüssel (Bruxelles / Brussel)* oder *Brüssel* je nach verfügbarem Platz.

(e) Dem Objekt ist nur ein (in den Namenlisten) **empfohlener deutscher Name zugeordnet, es muss ihm kein entsprechendes Endonym folgen.** Dies führt zur typographischen Darstellung dieses deutschen Namens. Das gilt für Staaten und viele physisch-geographische Objekte wie Inseln, Gebirge, Kaps, u.a.m.

(f) Dem Objekt sind (in den Namenlisten) **ein Endonym an erster Stelle und ein durch eckige Klammern als „nachrangig" gekennzeichneter deutscher Name an zweiter Stelle zugeordnet.** Solche deutsche Namen sind historische Bezeichnungen von Siedlungen und sollen nur nach dem Endonym gereiht werden, z.B. *Dubrovnik [Ragusa].* Diese Fälle bilden somit Ausnahmen gegenüber der unter (c) beschriebenen Hauptkategorie vom Typ „1. deutscher Name, 2. Endonym". Es handelt sich um Fälle, in denen Gebräuchlichkeit und Erhaltungswürdigkeit des deutschen Namens – zumindest in Österreich – abgenommen haben oder in denen der deutsche Name zumeist nur noch historische Bedeutung hat. Wenn also der deutsche Name nach dem Endonym gereiht wird, muss dafür ein Verfahren des Klammergebrauchs gewählt werden, das eine deutliche Unterscheidung vom Typus „1. deutscher Name, 2. Endonym" gewährleistet. Es bietet sich dafür die eckige Klammer an [ ], also z.B. *Venedig (Venezia), Brünn (Brno),* aber *Dubrovnik [Ragusa], Tartu [Dorpat], Duchcov [Dux].* Bei Platzmangel entfällt die zweitgereihte, in eckigen Klammern gesetzte Namenform.

Mehrere Endonyme wären vor den eckigen Klammern getrennt durch Schrägstrich oder ein vergleichbares Zeichen wie in Fall (b) zu schreiben,

(g) Dem Objekt sind (in den Namenlisten) **ein Endonym an erster Stelle und ein deutscher Name an zweiter Stelle zugeordnet mit dem Zusatz, dass der deutsche Name wahlweise vor- oder nachrangig gereiht werden könne.** Es handelt sich bei diesen deutschen Siedlungsnamen um bereits weniger gebräuchliche oder zurückweichende Namen, die aber noch nicht ganz den Status von historischen Namen erreicht haben und in manchen Zusammenhängen sehr wohl vorrangig verwendet werden können. Es ist daher der jeweiligen Redaktion überlassen, welche Präferenz sie setzt, d.h. ob sie den deutschen Namen vor oder nach dem Endonym reiht, z.B. *Nimwegen (Nijmegen)* oder *Nijmegen [Nimwegen].* Die vorliegende Publikation enthält sich in diesen Fällen einer exklusiven Stellungnahme.

(h) Einem europäischen Fluss, der Geltungsgebiete mehrerer Amtssprachen durchquert, sind (in den Namenlisten) **ein deutscher Name und die jeweiligen Endonyme zugeordnet.** Er sollte in größermaßstäbigen Karten nach Maßgabe des Platzes nach folgendem Muster beschriftet werden: *Donau (Dunaj) (Duna) (Dunav)* usw., wobei jedes nichtdeutsche Endonym im jeweiligen Sprachgebiet einzutragen wäre. Die deutsche Namenform sollte bei langen Flüssen dazwischen auch wiederholt werden, wenn der Platz es zulässt. Steht eine gebräuchliche deutsche Namenform nicht zur Verfügung, so wäre der Fluss in jedem Sprachgebiet, das er durchfließt, mit dem jeweiligen Endonym zu bezeichnen. Bei außereuropäischen Flüssen und bei Verwendung von Flussnamen in Texten genügt die Angabe einer vorhandenen deutschen Namenform.

(i) Allgemein gilt: Gleiche Namen in verschiedenen Sprachen für ein Objekt müssen nicht wiederholt werden.

5 Literaturhinweise zu Fragen der Namenschreibung, insbesondere der Verwendung von Exonymen

ABTEILUNG FÜR KARTOGRAPHISCHE ORTSNAMENKUNDE (AKO) (Hrsg.) (1994), Vorschläge zur Schreibung geographischer Namen in österreichischen Schulatlanten (= Wiener Schriften zur Geographie und Kartographie, 7). Wien, Institut für Geographie der Universität Wien, Ordinariat für Geographie und Kartographie.

BACK O. (1997), Fragen der Wiedergabe fremdsprachlicher geographischer Namen durch Exonyme oder durch Umschriftung. In: KRETSCHMER, I. et al. (Hrsg.), Kartographie und Namenstandardisierung. Tagungsband zum „Symposium über geographische Namen" (= Wiener Schriften zur Geographie und Kartographie, 10). Wien, S. 55–63.

BACK O. (2002)[3], Übersetzbare Eigennamen. Eine synchrone Untersuchung von interlingualer Allonymie und Exonymie. Wien, Praesens Verlag.

BREU J. (1981), Die Standardisierung geographischer Namen im Rahmen der Vereinten Nationen. In: Kartographische Nachrichten, 31 (4), S. 151–154.

BREU J. (1981), Ausgewählte Probleme der Beschriftung und Namenschreibung in Schulatlanten am Beispiel der neuen österreichischen Unterstufenatlanten. In: Mitteilungen der Österreichischen Geographischen Gesellschaft, 123, S. 134–157.

BREU J. (1992), Die Schreibung geographischer Namen in der Schulkartographie. In: MAYER F. (Hrsg.), Schulkartographie. Wiener Symposium 1990 (= Wiener Schriften zur Geographie und Kartographie, 5). Wien, S. 103–113.

JORDAN P. (1997), Toponymische Redaktion von Kartenwerken am Beispiel des Atlasses Ost- und Südosteuropa. In: KRETSCHMER I. et al. (Hrsg.), Kartographie und Namenstandardisierung. Tagungsband zum „Symposium über geographische Namen" (= Wiener Schriften zur Geographie und Kartographie, 10). Wien, S. 79–85.

JORDAN P. (2000), Vom Wert der Exonyme. Plädoyer für einen maßvollen und politisch sensiblen Gebrauch. In: LECHTHALER M., GARTNER G. (Hrsg.), Per aspera ad astra. Festschrift für Fritz Kelnhofer zum 60. Geburtstag. Wien 2000. S. 52–71.

JORDAN P. et al. (Hrsg.) (2007), Exonyms and the International Standardisation of Geographical Names. Approaches towards the Resolution of an Apparent Contradiction (= Wiener Osteuropastudien, 24). Wien – Berlin, LIT-Verlag.

JORDAN P. et al. (Hrsg.) (2011), Trends in Exonym Use. (= Name and Place, 1). Hamburg, Dr. Kovač.

KADMON N. (2000)[2], Toponymy. The Lore, Laws and Language of Geographical Names. New York, Vantage Press.

KADMON N. (2002), Glossary of Terms for the Standardization of Geographical Names. United Nations, New York, ST/ESA/STAT/SER.M/85.

KADMON N. (2007), Glossary of Terms for the Standardization of Geographical Names, Addendum. United Nations, New York, ST/ESA/STAT/SER.M/85/Add.1

KRAIF U. (red.) (2003), DUDEN. Satz und Korrektur. Materialien. Mannheim.

KRETSCHMER I. et al. (Hrsg.) (1997), Kartographie und Namenstandardisierung. Tagungsband zum „Symposium über geographische Namen" (= Wiener Schriften zur Geographie und Kartographie, 10). Wien, Institut für Geographie der Universität Wien, Ordinariat für Geographie und Kartographie.

STÄNDIGER AUSSCHUSS FÜR GEOGRAPHISCHE NAMEN (StAGN) (Hrsg.) (1966), Duden. Wörterbuch geographischer Namen. Europa (ohne Sowjetunion). Mannhein, Bibliographisches Institut.

STANI-FERTL R. (2001), Exonyme und Kartographie. Weltweites Register deutscher geographischer Namen, klassifiziert nach Gebräuchlichkeit, und ihrer ortsüblichen Entsprechungen. Arbeitsmittel für Redakteure (= Wiener Schriften zur Geographie und Kartographie, 14). Wien, Institut für Geographie und Regionalforschung der Universität Wien, Kartographie und Geoinformation.

STANI-FERTL R. (2009), Toponyme in Geschichtskarten. In: Österreich in Geschichte und Literatur mit Geographie, 53 (2), S. 200–206.

ZIKMUND H. (2000), Duden. Wörterbuch geographischer Namen des Baltikums und der Gemeinschaft Unabhängiger Staaten. Mit Angaben zu Schreibweise, Aussprache und Verwendung der Namen im Deutschen. Mannhein, Bibliographisches Institut AG.

50

Internetquellen:

Arbeitsgemeinschaft für Kartographische Ortsnamenkunde (AKO):
<http://www.oeaw.ac.at/dinamlex/AKO/AKO.html>

NGA GEOnet Names Server (GNS), National Geospatial-Intelligence Agency:
<http://earth-info.nga.mil/gns/html/index.html>

Report on the Current Status of United Nations Romanization Systems for Geographical Names, Working Group on Romanization Systems, United Nations Group of Experts on Geographical Names (UNGEGN):
<http://www.eki.ee/wgrs/>

Romanization Systems and Policies, Transkriptionssysteme des U.S. Board on Geographical Names:
<http://earth-info.nga.mil/gns/html/romanization.html>

Ständiger Ausschuss für geographische Namen (StAGN):
<http://www.stagn.de>

Sachverständigengruppe der Vereinten Nationen für geographische Namen (United Nations Group of Experts on Geographical Names, UNGEGN):
<http://unstats.un.org/unsd/geoinfo/about_us.htm>

Namenlisten

Afghanistan

Amtssprachen: Paschto, Dari

Empfohlene Sprachen/Transkriptionen:
1 Paschto/Paschto BGN, vereinfacht AKO
2 Dari/Persisch BGN, vereinfacht AKO

Berge, Gebirge:

Hindukusch (End)

Tiritsch Mir (End)

Gewässer:

Amu-Darja (End)

Hilmendsee (dt)

Landschaften:

Registan (End), *anstatt:* Hilmendwüste

Pässe:

Chaibarpass (dt)

Ägypten

Amtssprachen: Arabisch

Empfohlene Sprachen/Transkriptionen:
1 Arabisch/Arabisch AKO

Besonderheiten:
Exonyme im Dt. (ebenso wie in anderen Sprachen) sind z.T. durch antike Tradition, Italienisch oder Französisch vermittelt.

Berge, Gebirge:

Berg Sinai (dt)

Gewässer:

1. Katarakt (dt)

Bittersee (dt)

Burullussee (dt)

Damian-Arm (dt)

Damietta-Arm (dt)

Mensalehsee (dt)

Nildelta (dt)

Nilstausee (dt)

Rosetta-Arm (dt)

Sueskanal (dt)

Timsahsee (dt)

Landschaften:

Arabische Wüste (dt)

Kattarasenke (dt)

Libysche Wüste (dt)

Libysche Wüstenplatte (dt)

Nildelta (dt)

Sinai-Halbinsel (dt)

Siedlungen:

Alexandria (dt), Al-Iskandarija (End)

Assuan (End), *anstatt:* Aswan

Damietta (dt), Dumiat (End)

El Alamein (dt), Al-Alamain (End)

Gise (End), *anstatt:* Gizeh

Ismailia (dt), Al Ismailija (End)

Kairo (dt), Al Kahira (End)

Luxor (dt), Al Uksur (End)

Port Said (dt), Bur Said (End)

Rosetta (dt), Raschid (End)

Sues (dt), Suwais (End), *anstatt:* Suez

Albanien

Amtssprachen: Albanisch

Empfohlene Sprachen/Transkriptionen:
1 Albanisch

Besonderheiten:
Auf Landkarten finden sich geographische Namen sowohl mit angehängtem Artikel (-i, -u, -a) als auch ohne diesen. Empfohlen wird, entsprechend dem heutigen albanischen kartographischen Gebrauch mit Ausnahme von Tirana (nicht Tiranë) die Form des angehängten Artikels (-i, -u, -a) nur in Verbindungen wie Drini i Bardhë („Weißer Drin") zu verwenden.

Gewässer:

Ohridsee (dt)

Prespasee (dt)

Schwarzer Drin (dt), Drini i Zi (End)

Skutarisee (dt)

Weißer Drin (dt), Drini i Bardhë (End)

Siedlungen:

Durrës (End), [Durazzo] (dt)

Shkodër (End), [Skutari] (dt)

Vlorë (End), [Valona] (dt)

Algerien

Amtssprachen: Arabisch

Empfohlene Sprachen/Transkriptionen:
    1   Arabisch/Arabisch AKO

Besonderheiten:
Im Sinne einer einheitlichen Umschriftung für alle arabisch-sprachigen Länder empfiehlt es sich, die oft anzutreffende Umschrift auf französische Art nicht zu übernehmen; also z.B. nicht *Chott*, sondern *Schott*.

Berge, Gebirge:

Ahaggarmassiv (dt)

Aurasberge (dt)

Plateau von Todemait (dt)

Saharaatlas (dt)

Tellatlas (dt)

Landschaften:

Große Kabylei (dt)

Großer Östlicher Erg (dt)

Großer Westlicher Erg (dt)

Hochland der Schotts (dt)

Kabylei (dt)

Kleine Kabylei (dt)

Siedlungen:

Algier (dt), Al Dschasair (End)

Annaba (End), [Bône] (dt)

Constantine (dt), Kustantina (End)

Ech Cheliff (End), [El Asnam] (dt), [Orléansville] (dt)

Oran (dt), Wahran (End)

Skikda (End), [Philippeville] (dt)

Andorra

Amtssprachen: Katalanisch

Empfohlene Sprachen/Transkriptionen:
    1   Katalanisch

Angola

Amtssprachen: Portugiesisch

Empfohlene Sprachen/Transkriptionen:
    1   Portugiesisch

Berge, Gebirge:

Hochland von Bié (dt)

Gewässer:

Kavango (dt)

Kongo (dt)

Kunene (dt)

Ruacanafälle (dt)

Sambesi (dt)

Tigerbucht (dt)

Siedlungen:

Huambo (End), [Nova Lisboa] (dt)

Namibe (End), [Moçâmedes] (dt)

Antarktis

Besonderheiten:
Die Antarktis steht außerhalb nationaler Souveränität. Daher können auch keine Endonyme existieren. Die Auswahl einer Namenform für nicht in der Liste angeführte Objekte obliegt dem Redakteur/der Redakteurin.

Berge, Gebirge:

Admiralitätskette (dt)

Gaußberg (dt)

Königin-Alexandra-Kette (dt)

Königin-Maud-Gebirge (dt)

Pensacolagebirge (dt)

Polarplateau (dt)

Prinz-Charles-Gebirge (dt)

Sentinel Range, *anstatt:* Ellsworthgebirge

Inseln:

Ballenyinseln (dt)

Berknerinsel (dt)

Charcotinsel (dt)

Drygalskiinsel (dt)

Peter-I.-Insel (dt)

Rooseveltinsel (dt)

Rossinsel (dt)

Scottinsel (dt)

Sturgeinsel (dt)

Südorkneyinseln (dt)

Südshetlandinseln (dt)

Kaps:

Kap Adare (dt)

Kap Ann (dt)

Kap Norvegia (dt)

Landschaften:

Adélieland (dt)

Alexander-I.-Land (dt)

Amerikahochland (dt)

Antarktische Halbinsel (dt)

Buddland (dt)

Cairdland (dt)

Coatsland (dt)

Eights Coast, *anstatt:* Eightsküste

Ellsworthhochland (dt)

Enderbyland (dt)

Kaiser-Wilhelm-II.-Land (dt)

Kempland (dt)

Knoxland (dt)

König-Georg-V.-Land (dt)

Königin-Mary-Land (dt)

Königin-Maud-Land (dt)

Mary-Byrd-Land (dt)

McRobertsonland (dt)

Neuschwabenland (dt)

Oatesland (dt)

Ostantarktika (dt)

Palmerland (dt)

Prinzessin-Astrid-Land (dt)

Prinzessin-Elisabeth-Land (dt)

Prinzessin-Ragnhild-Land (dt)

Sabrinaland (dt)

Victorialand (dt)

Westantarktika (dt)

Wilkesland (dt)

Sonstiges:

Ameryschelfeis (dt)

Filchnerschelfeis (dt)

Lambertgletscher (dt)

Larsenschelfeis (dt)

Lassiterschelfeis (dt), *anstatt:* Ronneschelfeis

Ross-Schelfeis (dt)

Shackletonschelfeis (dt)

Wegenerinlandeis (dt)

Antigua und Barbuda

Amtssprachen: Englisch

Empfohlene Sprachen/Transkriptionen:

1   Englisch

Äquatorialguinea

Amtssprachen: Spanisch

Empfohlene Sprachen/Transkriptionen:

1   Spanisch

Inseln:

Bioko (End), [Fernando Póo] (dt)

Pagalu (End), [Annobón] (dt)

Landschaften:

Mbini (End), [Río Muni] (dt)

Argentinien

Amtssprachen: Spanisch

Empfohlene Sprachen/Transkriptionen:

1   Spanisch

Gewässer:

Buenos-Aires-See (dt)

Inseln:

Feuerland (dt)

Staateninsel (dt)

Kaps:

Kap San Diego (dt)

Kap Tres Puntas (dt)

Punta Mogotes (End), *anstatt:* Kap Corrientes

Landschaften:

Halbinsel Valdés (dt)

Patagonien (dt)

Armenien

Amtssprachen: Armenisch

Empfohlene Sprachen/Transkriptionen:

    1   Armenisch

Besonderheiten:
Zur Umbenennung von Objekten – s. ZIKMUND.

Gewässer:

Arax (dt)

Sewansee (dt)

Landschaften:

Armenien (dt)

Hochland von Armenien (dt)

Siedlungen:

Jerewan (End), [Eriwan] (dt)

Aserbaidschan

Gebiete ohne abweichende Regelungen

Amtssprachen: Aserbaidschanisch

Empfohlene Sprachen/Transkriptionen:

    1   Aserbaidschanisch

Besonderheiten:
Der Sonderbuchstabe „umgekehrtes e, E" (Ə, ə) kann durch ä, Ä ersetzt werden. Zu I, ı, İ, i, s. „Türkei".

Bergkarabach

Amtssprachen: Armenisch als inoffizielle Amtssprache

Empfohlene Sprachen/Transkriptionen:

    1   Armenisch/Armenisch AKO

Besonderheiten:
In der militärisch weiterhin von Armenien kontrollierten Region Berg-Karabach fungiert das Armenische als inoffizielle Amtssprache.

Gewässer:

Arax (dt)

Mingäçevirstausee (dt)

Landschaften:

Bergkarabach (dt)

Nachitschewan (dt)

Schirwansteppe (dt)

Siedlungen:

Baku (dt), Bakı (End)

Ganscha (dt), Gəncə (End)

Mingetschaur (dt), Mingəçevir (End)

Scheki (dt), Şəki (End)

Äthiopien

Amtssprachen: Amharisch

Empfohlene Sprachen/Transkriptionen:

    1   Amharisch/Amharisch BGN

Besonderheiten:
Nationalsprachen mit regionaler amtlicher Geltung.

Gewässer:

Abajasee (dt)

Abbésee (dt)

Blauer Nil (dt)

Tanasee (dt)

Turkanasee (dt), [Rudolfsee] (dt)

Landschaften:

Äthiopischer Graben (dt)

Hochland von Äthiopien (dt), [Hochland von Abessinien] (dt)

Ogaden (dt)

Australien

Amtssprachen: Englisch

Empfohlene Sprachen/Transkriptionen:

    1   Englisch

Besonderheiten:
In Gebieten mit Aborigines-Sprachen gibt es mehrsprachig benannte Objekte, die in offiziellen Dokumenten alle mit Schrägstrich getrennt in einer festgelegten Reihenfolge aufzuführen sind (Beispiel *Uluru/Ayers Rock*, s. „Gazetteer of Australia", http://www.ga.gov.au/place-name/). In anderen Publikationen kann eine beliebige dieser Namenfor-

men verwendet werden. Es wird empfohlen, bei genügend Platz die Schrägstrichschreibung beizubehalten. Bei Platzmangel ist die in der offiziellen Reihenfolge an erster Stelle stehende Namenform zu verwenden.

Berge, Gebirge:

Australische Alpen (dt)

Barklytafelland (dt)

Darlingkette (dt)

Flinderskette (dt)

Great Dividing Range (End), [Großes Scheidegebirge] (dt)

Hamersleykette (dt)

Kata Tjuta (End), [The Olgas] (dt)

Kimberleyplateau (dt)

Macdonnellkette (dt)

Musgravekette (dt)

Uluru (abor End) / Ayers Rock (eng End)

Westaustralische Tafel (dt)

Gewässer:

Eyresee (dt)

Torrenssee (dt)

Inseln:

Furneauxinseln (dt)

Heardinseln (dt)

Känguru-Insel (dt)

Kokosinseln (dt)

Lord-Howe-Inseln (dt)

Macquarie-Inseln (dt)

Norfolkinsel (dt)

Tasmanien (dt)

Weihnachtsinsel (dt)

Kaps:

Nordwestkap (dt)

Südostkap (dt)

Landschaften:

Gibsonwüste (dt)

Große Sandwüste (dt)

Große Victoriawüste (dt)

Großes Artesisches Becken (dt)

Kap-York-Halbinsel (dt)

Neusüdwales (dt)

Nordterritorium (dt)

Nullarborebene (dt)

Simpsonwüste (dt)

Südaustralien (dt)

Tanamiwüste (dt)

Westaustralien (dt)

Sonstiges:

Großes Barriereriff (dt)

Bahamas

Amtssprachen: Englisch

Empfohlene Sprachen/Transkriptionen:

1   Englisch

Besonderheiten:
Verkehrssprache: Kreolisch

Inseln:

Bahamasinseln (dt)

San Salvador (End), [Watling Island] (dt)

Bahrein

Amtssprachen: Arabisch

Empfohlene Sprachen/Transkriptionen:

1   Arabisch/Arabisch AKO

Siedlungen:

Manama (dt), Al-Manama (End)

Bangladesch

Amtssprachen: Bengalisch (interne Amtssprache),
                  Englisch (externe Amtssprache)

Empfohlene Sprachen/Transkriptionen:

1   Bengalisch/Bengalisch BGN

Landschaften:

Bengalen (End)

Barbados

Amtssprachen: Englisch

Empfohlene Sprachen/Transkriptionen:

1 Englisch

Besonderheiten:
Umgangs- und Verkehrssprache: Bajan

Belgien

Besonderheiten:
Deutsch ist eine der drei amtlichen Sprachen. In belgischen deutschsprachigen Veröffentlichungen werden geographische Objekte auch der niederländisch- und der französischsprachigen Landesteile mit ihren deutschen Namenformen bezeichnet, sofern solche bestehen und gebräuchlich sind.

Brüssel

Amtssprachen: Französisch, Niederländisch

Empfohlene Sprachen/Transkriptionen:

1 Französisch

2 Niederländisch

Flandern

Amtssprachen: Niederländisch

Empfohlene Sprachen/Transkriptionen:

1 Niederländisch

Deutschsprachige Gemeinschaft

Amtssprachen: Deutsch

Empfohlene Sprachen/Transkriptionen:

1 Deutsch

Wallonien

Amtssprachen: Französisch

Empfohlene Sprachen/Transkriptionen:

1 Französisch

Berge, Gebirge:

Hohes Venn (dt)

Gewässer:

Maas (dt, ndl End) / Meuse (frz End)

Schelde (dt, ndl End) / Escaut (frz End)

Sesbach (dt), Semois (End)

Landschaften:

Flämisch-Brabant (dt)

Flandern (dt)

Hennegau (dt)

Lüttich (dt)

Luxemburg (dt)

Ostflandern (dt)

Wallonisch-Brabant (dt)

Westflandern (dt)

Siedlungen:

Arel (dt), Arlon (End)

Brügge (dt), Brugge (End)

Brüssel (dt), Brussel (ndl End) / Bruxelles (frz End)

Löwen (dt), Leuven (End)

Lüttich (dt), Liège (End)

Ostende (dt), Oostende (End)

Belize

Amtssprachen: Englisch

Empfohlene Sprachen/Transkriptionen:

1 Englisch

Besonderheiten:
Umgangs- und Verkehrssprache: Kriol

Benin

Amtssprachen: Französisch

Empfohlene Sprachen/Transkriptionen:

1 Französisch

Bhutan

Amtssprachen: Dsongka

Empfohlene Sprachen/Transkriptionen:

1 Dsongka/Dsongka BGN

Besonderheiten:
Dsongka (= Druk), nahverwandt mit Tibetisch

Siedlungen:

Thimphu (End)

Birma, siehe Myanmar

Bolivien

Amtssprachen: Spanisch, Quechua (offiziell anerkannte Nationalsprache), Aimará (offiziell anerkannte Nationalsprache)

Empfohlene Sprachen/Transkriptionen:

1   Spanisch

Besonderheiten:
Quechua und Aimará ohne Auswirkungen im amtlichen Bereich.

Berge, Gebirge:

Hochland von Bolivien (dt)

Gewässer:

Poopósee (dt)

Titicacasee (dt)

Bosnien und Herzegowina

Amtssprachen: Bosnisch, Serbisch, Kroatisch

Empfohlene Sprachen/Transkriptionen:

1   Bosnisch

2   Serbisch/Serbisch UN

3   Kroatisch

Besonderheiten:
Bosnisch und Kroatisch in Lateinschrift, Serbisch (ijekavische Variante, nicht serbischer Standard) in kyrillischer sowie auch Lateinschrift. Vor den 1990er Jahren wurden diese drei Sprachen zumeist unter Serbokroatisch (auch Kroatoserbisch) zusammengefasst. Zur Schreibung zweiteiliger Namen – s. „Serbien", „Kroatien".
Folgende Vereinfachung ist erlaubt: Đ zu Dj und đ zu dj. In einem Werk ist aber nicht die Mischung beider Formen möglich.

Gewässer:

Save (dt), Sava (End)

Landschaften:

Herzegowina (dt)

Botsuana

Amtssprachen: Tswana, Kalanga, Englisch

Empfohlene Sprachen/Transkriptionen:

1   Englisch

Gewässer:

Makarikari-Salzpfanne (dt)

Okawangobecken (dt)

Sambesi (dt)

Brasilien

Amtssprachen: Portugiesisch

Empfohlene Sprachen/Transkriptionen:

1   Portugiesisch

Berge, Gebirge:

Bergland von Brasilien (dt)

Plateau von Mato Grosso (dt)

Gewässer:

Iguazúfälle (dt)

Madeirafälle (dt)

Paulo-Alfonso-Fälle (dt)

Kaps:

Cabo Branco (End), *anstatt:* Kap Branco

Kap São Roque (dt)

Brunei

Amtssprachen: Malaiisch

Empfohlene Sprachen/Transkriptionen:

1   Malaiisch

Besonderheiten:
Lateinschriftig

Inseln:

Borneo (dt)

Bulgarien

Amtssprachen: Bulgarisch

Empfohlene Sprachen/Transkriptionen:

1 Bulgarisch/Bulgarisch UN

Berge, Gebirge:

Balkan (dt)

Mittelbalkan (dt)

Ostbalkan (dt)

Rhodopen (dt)

Westbalkan (dt)

Gewässer:

Donau (dt), Dunav (End)

Maritza (dt), Marica (End)

Landschaften:

Dobrudscha (dt)

Thrakien (dt)

Pässe:

Nicht aufzunehmen: Dragomanpass

Kotelpass (dt)

Schipkapass (dt)

Siedlungen:

Sofia (dt), Sofija (End)

Burkina Faso

Amtssprachen: Französisch

Empfohlene Sprachen/Transkriptionen:

1 Französisch

Besonderheiten:
Regionale Amtssprachen Mòoré, Jula, Fulfude

Gewässer:

Schwarzer Volta (dt)

Weißer Volta (dt)

Siedlungen:

Ouagadougou (End), [Wagadugu] (dt)

Burma, siehe Myanmar

Burundi

Amtssprachen: Kirundi, Französisch

Empfohlene Sprachen/Transkriptionen:

1 Französisch

Gewässer:

Tanganjikasee (dt)

Siedlungen:

Bujumbura (End), [Usumbura] (dt)

Chile

Amtssprachen: Spanisch

Empfohlene Sprachen/Transkriptionen:

1 Spanisch

Gewässer:

Buenos-Aires-See (dt)

Inseln:

Alexander-Selkirk-Insel (dt)

Chonosarchipel (dt)

Feuerland (dt)

Juan-Fernández-Inseln (dt)

Königin-Adelaide-Archipel (dt)

Osterinsel (dt)

Robinson-Crusoe-Insel (dt)

San-Félix-Inseln (dt)

Santa Inés (End), *anstatt:* Santa-Inés-Insel

Wellington (End), *anstatt:* Wellingtoninsel

Kaps:

Kap Hoorn (dt)

Landschaften:

Halbinsel Taitao (dt)

China

Gebiete ohne abweichende Regelungen

Amtssprachen: Chinesisch

Empfohlene Sprachen/Transkriptionen:
1   Chinesisch/Hanyu-Pinyin

Besonderheiten:
Chinesisch, mit amtlicher Lateinumschrift (Hanyu-Pinyin); Tonzeichen (ˉ´ˇ`) fallen bei geographischen Namen weg. Dieses Umschriftsystem wird auch für die unten genannten Regionalsprachen Chinas verwendet.

Guangsi

Amtssprachen: Zhuang, Chinesisch

Empfohlene Sprachen/Transkriptionen:
1   Chinesisch/Hanyu-Pinyin

Hongkong

Amtssprachen: Englisch, Chinesisch

Empfohlene Sprachen/Transkriptionen:
1   Chinesisch/Hanyu-Pinyin

Innere Mongolei

Amtssprachen: Mongolisch (China), Chinesisch

Empfohlene Sprachen/Transkriptionen:
1   Mongolisch (China)/Mongolisch UN

Besonderheiten:
Ausnahmsweise wird die Schreibung *nuur* (statt *nur*) ‚See‘, wie für dasselbe Wort in der Mongolei, empfohlen.

Macao

Amtssprachen: Portugiesisch, Chinesisch

Empfohlene Sprachen/Transkriptionen:
1   Chinesisch/Hanyu-Pinyin

Ningsia Huizu

Amtssprachen: Ningsia, Chinesisch

Empfohlene Sprachen/Transkriptionen:
1   Chinesisch/Hanyu-Pinyin

Sinkiang

Amtssprachen: Uigurisch in arabischer Schrift, Chinesisch

Empfohlene Sprachen/Transkriptionen:
1   Uigurisch in arabischer Schrift/Uigurisch BGN

Tibet

Amtssprachen: Tibetisch in tibetischer Schrift, Chinesisch

Empfohlene Sprachen/Transkriptionen:
1   Tibetisch in tibetischer Schrift/Tibetisch BGN

Berge, Gebirge:

Altai (dt)

Altai (End)

Altun Shan (End)

Bogda Shan (End)

Dsungarischer Alatau (dt), *anstatt:* Alatau, *Anm.: vgl. unter* Kirgisistan

Gongga Shan (End), *anstatt:* Minya Gongkar

Großer Hinggan (dt)

Hindukusch (dt)

Kangrinboqê (End), [Kailas] (dt)

Nicht aufzunehmen: Kentai Alin

Kleiner Hinggan (dt)

Kungur (End)

Kunlun (End), *anstatt:* Kuenlungebirge

Lüliang Shan (End), *anstatt:* Liliang Shan

Maqên Gangri (End), *anstatt:* Anyenaqên

Micang Shan (End), *anstatt:* Ho Pa Shan

Mongolischer Altai (dt)

Mount Everest (dt), Qomolangma (tib End) / Sagarmāthā (nep End)

Muztag (End)

Pamir (dt)

Pik Pobedy (dt), *anstatt:* Hantengri, *auch anstatt:* Sheng-li Feng

Qilian Shan (End), *anstatt:* Nan Shan

Südchinesisches Bergland (dt)

Tarbagatai (End)

Tian Shan (End)

Transaltai (dt)

Transhimalaja (dt)

Gewässer:

Brahmaputra (dt)

Chöwsgöl Nuur (End)

Dalai Nuur (End)

Datong He (End)

Dongting Hu (End)

Großer Kanal (dt)

Heilong Jiang (End), *Anm.: in Russland:* Amur

Huang He (End), *anstatt:* Hoang Ho

Hulun Nuur (End)

Indus (dt)

Jangtsekiang (dt), *Anm.: in Tibet*

Jangtsekiang (dt), Chang Jiang (End), *Anm.: in China außer Tibet*

Lop Nuur (End)

Mekong (dt), *Anm.: in Tibet*

Mekong (dt), *anstatt:* Lancang Jiang, *Anm.: in China außer Tibet*

Muling He (End)

Nen Jiang (End)

Poyang Hu (End)

Qagan Nuur (End)

Qinghai Hu (End)

Roter Fluss (dt)

Salwin (dt)

Satledsch (dt)

Schwarzer Fluss (dt)

Schwarzer Irtysch (dt), *Anm.: in China außer Sinkiang*

Schwarzer Irtysch (dt), *Anm.: in Sinkiang*

Songhua Jiang (End), *anstatt:* Sungari, *auch anstatt:* Songhua

Supungstausee (dt)

Tarim (End)

Xiliao He (End)

Xingkaisee (dt), *Anm.: in Russland:* Chankasee

Yalong Jiang (End)

Yalu Jiang (End), *Anm.: in Korea:* Amnok

Yarkant Darya (End)

Inseln:

Paracelinseln (dt)

Landschaften:

Dsungarei (dt)

Erentalsteppe (dt)

Gobi (dt)

Hochland von Tibet (dt)

Innere Mongolei (dt)

Mandschurei (dt)

Nordchinesische Tiefebene (dt), *auch:* Große Ebene (dt)

Ordossteppe (dt)

Ostturkestan (dt)

Qaidambecken (dt)

Rotes Becken (dt)

Shandong (End), [Schantung] (dt)

Sinkiang (dt)

Tarimbecken (dt)

Tibet (dt)

Nicht aufzunehmen: Zandang

Pässe:

Nicht aufzunehmen: Che-Ling-Pass

Karakorumpass (dt)

Shipkipass (dt)

Tanggulapass (dt)

Xiaomeipass (dt), *anstatt:* Meilingpass

Siedlungen:

Barkol (End)

Chongqing (End), [Tschungking] (dt)

Gulja (uigur End) / Yining (chin End)

Hongkong (dt), Xianggang (End)

Kanton (dt), Guangzhou (End)

Kaxgar (uigur End) / Kashi (chin End)

Kerya (uigur End) / Yutian (chin End)

Kumul (uigur End) / Hami (chin End)

Lüshunkou (End), [Port Arthur] (dt), *Anm.: heute Stadtbezirk von Dalian*

Macao (dt), Aomen (End)

Nanking (dt), Nanjing (End)

Peking (dt), Beijing (End)

Qingdao (End), [Tsingtau] (dt)

Shanghai (End), [Schanghai] (dt)

Shenyang (End), [Mukden] (dt)

Tianjin (End), [Tientsin] (dt)

Turpan (End), [Turfan] (dt)

Urumqi (End)

Xiamen (End), [Amoy] (dt)

Yarkant (uigur End) / Shache (chin End)

Sonstiges:

Große Chinesische Mauer (dt)

Costa Rica

Amtssprachen: Spanisch

Empfohlene Sprachen/Transkriptionen:

1 Spanisch

Inseln:

Kokosinsel (dt)

Dänemark

Gebiete ohne abweichende Regelungen

Amtssprachen: Dänisch

Empfohlene Sprachen/Transkriptionen:

1 Dänisch

Besonderheiten:
In Nordschleswig (= Südjütland) ist Dt. eine aufgrund des Minderheitenschutzes u.A. im Schulwesen anerkannte Sprache; dt. Siedlungsnamen aus diesem Gebiet sind infolge historischer Beziehungen z.T. weithin bekannt, obwohl nicht amtlich.

Färöer

Amtssprachen: Färingisch, Dänisch

Empfohlene Sprachen/Transkriptionen:

1 Färingisch

Besonderheiten:
Ersatz des Sonderbuchstabens ð – s. „Island".

Grönland

Amtssprachen: Grönländisch, Dänisch

Empfohlene Sprachen/Transkriptionen:

1 Grönländisch

Besonderheiten:
Grönländisch (eine Inuitsprache), lateinschriftig.

Berge, Gebirge:

Petermannsberg (dt), *auch:* Petermannsspitze (dt)

Inseln:

Alsen (dt)

Färöer (dt)

Fünen (dt)

Grönland (dt)

Möen (dt)

Nordfriesische Inseln (dt)

Seeland (dt)

Kaps:

Grenen (End), *anstatt:* Skagens Horn

Kap Brewster (dt)

Kap Farvel (dt)

Kap Morris Jesup (dt)

Kap York (dt)

Landschaften:

Hayeshalbinsel (dt)

Jütland (dt)

Nordschleswig (dt)

Pearyland (dt)

Washingtonland (dt)

Siedlungen:

Kopenhagen (dt), København (End)

Demokratische Republik Kongo

Amtssprachen: Französisch

Empfohlene Sprachen/Transkriptionen:

1 Französisch

Gewässer:

Albertsee (dt)

Eduardsee (dt)

Kivusee (dt)

Kongo (dt), Congo (End)

Livingstonefälle (dt)

Mwenusee (dt)

Stanleyfälle (dt)

Tanganjikasee (dt)

Wissmannfälle (dt)

Landschaften:

Katanga (End), [Shaba] (dt)

Siedlungen:

Kinshasa (End), [Léopoldville] (dt)

Kisengani (End), [Stanleyville] (dt)

Lumumbashi (End), [Elisabethville] (dt)

Deutschland

Amtssprachen: Deutsch

Empfohlene Sprachen/Transkriptionen:

1   Deutsch

Besonderheiten:
Diejenigen sorbischen Namenformen, die in Brandenburg und Sachsen neben den dt. amtliche Geltung haben, sind zusätzlich nach Schrägstrich aufzunehmen, z.B. *Lübben / Lubin.*

Dominica

Amtssprachen: Englisch

Empfohlene Sprachen/Transkriptionen:

1   Englisch

Dominikanische Republik

Amtssprachen: Spanisch

Empfohlene Sprachen/Transkriptionen:

1   Spanisch

Inseln:

Hispaniola (dt)

Dschibuti

Amtssprachen: Arabisch, Französisch

Empfohlene Sprachen/Transkriptionen:

1   Französisch

Siedlungen:

Dschibuti (dt), Djibouti (End)

Ecuador

Amtssprachen: Spanisch

Empfohlene Sprachen/Transkriptionen:

1   Spanisch

Inseln:

Galápagosinseln (dt)

Elfenbeinküste

Amtssprachen: Französisch

Empfohlene Sprachen/Transkriptionen:

1   Französisch

Gewässer:

Schwarzer Volta (dt)

Landschaften:

Elfenbeinküste (dt)

El Salvador

Amtssprachen: Spanisch

Empfohlene Sprachen/Transkriptionen:

1   Spanisch

Eritrea

Amtssprachen: Tigrinya, Arabisch

Empfohlene Sprachen/Transkriptionen:

1   Tigrinya/Tigrinya BGN

Inseln:

Dahlakarchipel (dt)

Siedlungen:

Asmara (dt), Asmera (End)
Assab (dt), Aseb (End)
Massaua (dt), Massawa (tigr End) / Mitsiwa (arab End)

Estland

Amtssprachen: Estnisch

Empfohlene Sprachen/Transkriptionen:

1   Estnisch

Besonderheiten:
Aufgrund langer intensiver Beziehungen zum dt. Sprachgebiet existieren dt. Exonyme sogar für weniger bedeutende Objekte (Siedlungen, Binnengewässer). Viele davon geraten im dt. Sprachraum allmählich in Vergessenheit. Die hier angeführten bilden eine Auswahl aus denjenigen, die landeskundigen Personen weiterhin bekannt sind.

Gewässer:

Peipussee (dt)

Pernau (dt), Pärnujõgi (End)

Pleskauer See (dt)

Wirzsee (dt)

Inseln:

Dagö (dt), Hiiumaa (End)

Ösel (dt), Saaremaa (End)

Vormsi (End), [Worms] (dt)

Siedlungen:

Tallinn (End), [Reval] (dt)

Tartu (End), [Dorpat] (dt)

Fidschi

Amtssprachen: Fidschi, Englisch

Empfohlene Sprachen/Transkriptionen:

  1 Fidschi

Inseln:

Fidschi-Inseln (dt)

Finnland

Gebiete ohne abweichende Regelungen

Amtssprachen: Finnisch

Empfohlene Sprachen/Transkriptionen:

  1 Finnisch

Besonderheiten:
Saamisch = fakultative Amtssprache in der Provinz Lappland

Gebiete mit schwedischem Bevölkerungsanteil

Amtssprachen: Finnisch, Schwedisch

Empfohlene Sprachen/Transkriptionen:

  1 Finnisch
  2 Schwedisch

Besonderheiten:
Siedlungen sollen je nach der für den jeweiligen Fall geltenden amtlichen Regelung entweder nur finnisch oder finnisch und schwedisch (mit Schrägstrich, z.B. *Helsinki / Helsingfors*) oder schwedisch und finnisch (mit Schrägstrich) aufgenommen werden; für die Ålandinseln gilt nur Schwedisch.

Gewässer:

Inarisee (dt)

Inseln:

Ålandinseln (dt)

Landschaften:

Finnische Seenplatte (dt)

Lappland (dt)

Frankreich

Gebiete ohne abweichende Regelungen

Amtssprachen: Französisch

Empfohlene Sprachen/Transkriptionen:

  1 Französisch

Besonderheiten:
Für Siedlungen in den Departements Haut-Rhin und Bas-Rhin (Elsass) sowie Moselle (Lothringen) gibt es auch dt. Namenformen. Diese sind nicht amtlich und unterscheiden sich von den amtlichen französischen Namen meist nur geringfügig, z.B. *Hagenau (dt.)/Haguenau (fr.)*. Die dt. Namenformen spielen in der Kulturgeschichte des deutschen Sprachraumes zum Teil eine große Rolle, z.B. *Straßburg, Weißenburg, Sesenheim*. – Die hier nicht genannten Berge, Gebirge und Pässe sind mit dem Endonym aufzunehmen.

Französisch-Polynesien – Hauptinseln

Amtssprachen: Französisch, Tahitianisch

Empfohlene Sprachen/Transkriptionen:

  1 Tahitianisch

Französisch-Polynesien – Randinseln

Amtssprachen: Französisch, Tahitianisch

Empfohlene Sprachen/Transkriptionen:

  1 Französisch

Korsika

Amtssprachen: Französisch, Korsisch

Empfohlene Sprachen/Transkriptionen:

1 Korsisch

Berge, Gebirge:

Ardennen (dt)

Argonnen (dt)

Cevennen (dt)

Cottische Alpen (dt)

Dauphinéer Alpen (dt)

Elsässer Belchen (dt)

Französischer Jura (dt)

Grajische Alpen (dt)

Großer Belchen (dt)

Haardt (dt)

Meeralpen (dt)

Mont Blanc (End), *anstatt:* Montblanc

Provençalische Alpen (dt)

Pyrenäen (dt)

Savoyer Alpen (dt)

Vogesen (dt)

Zentralmassiv (dt)

Gewässer:

Genfer See (dt)

Maas (dt), Meuse (End)

Mosel (dt), Moselle (End)

Rhone, *Anm.: ohne Zirkumflex* (dt), Rhône (End)

Inseln:

Crozetinseln (dt)

Gesellschaftsinseln (dt)

Kergueleninseln (dt)

Korsika (dt)

Loyalitätsinseln (dt)

Maskarenen (dt)

Neukaledonien (dt)

Sankt Martin (dt)

Teufelsinsel (dt)

Kaps:

Kap Corse (dt)

Kap de la Hague (dt)

Kap Gris-Nez (dt)

Pointe de Penmarch (End)

Pointe du Raz (End)

Landschaften:

Aquitanien (dt)

Burgund (dt)

Elsass (dt)

Garonnebecken (dt), *auch:* Aquitanisches Becken (dt)

Lothringen (dt)

Oberrheinische Tiefebene (dt)

Pariser Becken (dt)

Riviera (dt)

Savoyen (dt)

Sundgau (dt)

Pässe:

Burgundische Pforte (dt)

Col de Larche (End), *anstatt:* Maddalenapass (dt)

Kleiner Sankt Bernhard (dt)

Siedlungen:

Diedenhofen (dt), Thionville (End)

Dünkirchen (dt), Dunkerque (End)

Hagenau (dt), Haguenau (End)

Mülhausen (dt), Mulhouse (End)

Nizza (dt), Nice (End)

Saargemünd (dt), Sarreguemines (End)

Schlettstadt (dt), Sélestat (End)

Straßburg (dt), Strasbourg (End)

Weißenburg (dt), Wissembourg (End)

Zabern (dt), Saverne (End)

Gabun

Amtssprachen: Französisch

Empfohlene Sprachen/Transkriptionen:

1 Französisch

Gambia

Amtssprachen: Englisch

Empfohlene Sprachen/Transkriptionen:

1 Englisch

Georgien

Gebiete ohne abweichende Regelungen

Amtssprachen: Georgisch

Empfohlene Sprachen/Transkriptionen:
1   Georgisch/Georgisch AKO

Abchasien

Amtssprachen: Abchasisch, Georgisch

Empfohlene Sprachen/Transkriptionen:
1   Abchasisch/Kyrillisch AKO

Südossetien

Amtssprachen: Ossetisch, Georgisch

Empfohlene Sprachen/Transkriptionen:
1   Ossetisch/Kyrillisch AKO

Berge, Gebirge:

Elbrus (dt)

Kasbek (dt)

Landschaften:

Abchasien (dt)

Südossetien (dt)

Pässe:

Kluchorpass (dt)

Kreuzpass (dt)

Mammissonpass (dt)

Ghana

Amtssprachen: Englisch

Empfohlene Sprachen/Transkriptionen:
1   Englisch

Gewässer:

Schwarzer Volta (dt)

Voltastausee (dt)

Weißer Volta (dt)

Landschaften:

Elfenbeinküste (dt)

Goldküste (dt)

Grenada

Amtssprachen: Englisch

Empfohlene Sprachen/Transkriptionen:
1   Englisch

Griechenland

Amtssprachen: Griechisch

Empfohlene Sprachen/Transkriptionen:
1   Griechisch/Griechisch Duden

Besonderheiten:
In amtlichen Karten und Ortsverzeichnissen erschienen früher die geographischen Namen ausschließlich in der Katharewusa, der stärker am Altgriechischen orientierten Sprachvariante. Seit der gesetzlichen Einführung der Dimotiki, d.i. Volkssprache, als alleiniger Amts- und Schulsprache 1975 ist eine Umstellung auf diese auch bei den geographischen Namen im Gange, die bis auf Restbestände abgeschlossen ist, sodass im kartographischen Quellenmaterial bis auf weiters auch mit geographischen Namen in der Katharewusa zu rechnen ist. Beispiele für die griechische Zweinamigkeit: Dimotiki *Athina*, *Salamina*, Katharewusa *Athinä*, *Salamis*. – Aus kulturgeschichtlichen Gründen existieren für viele griechische geographische Objekte im Dt. wie in anderen europäischen Sprachen Exonyme, vermittelt durch das Altgriechische, das Lateinische oder das Italienische. Für die mit Endonym zu benennenden Objekte wird die Dimotiki-Namensform gewählt. Geographische Namen, die im Deutschen in der klassisch-griechischen Form verwendet werden, z.B. *Salamis*, sind hier als Exonyme gekennzeichnet.

Berge, Gebirge:

Olymp (dt)

Parnass (dt)

Rhodopen (dt)

Gewässer:

Maritza (dt), Evros (End)

Inseln:

Ägina (dt)

Anafi (End)

Andikithira (End)

Astipaläa (End)

Delos (dt)

Euböa (dt)

Furni (End)

Gawdos (End)

Hagios Eustratios (dt)

Idra (End)

Ithaka (dt)

Kalimnos (End)

Kithira (End)

Kithnos (End)

Korfu (dt)

Kreta (dt)

Kykladen (dt)

Lefkada (End)

Lesbos (dt)

Limnos (End)

Mikonos (End)

Milos (End)

Nisiros (End)

Rhodos (dt)

Sakinthos (End), *anstatt:* Zakynthos

Salamis (dt)

Samothraki (End)

Santorin (dt), *anstatt:* Thira

Serifos (End)

Simi (End)

Siros (End)

Sporaden (dt)

Tilos (End)

Tinos (End)

Kaps:

Kap Akritas (dt)

Kap Maleas (dt)

Kap Sidero (dt)

Kap Tänaro (dt)

Kap Wuxa (dt), *anstatt:* Kap Grambusis, *auch anstatt:* Kap Kimaros

Landschaften:

Attika (dt)

Böotien (dt)

Chalkidike (dt)

Epirus (dt)

Hagion Oros (dt)

Hochland von Arkadien (dt)

Makedonien (dt)

Peloponnes (dt)

Thessalien (dt)

Thrakien (dt)

Pässe:

Katarapass (dt)

Thermopylen (dt)

Ruinenstätten:

Delphi (dt)

Siedlungen:

Athen (dt), Athina (End)

Korinth (dt), Korinthos (End)

Patras (dt), Patra (End)

Piräus (dt), Piräas (End)

Saloniki (dt), Thessaloniki (End)

Sparta (dt), Sparti (End)

Theben (dt), Thiwa (End)

Guatemala

Amtssprachen: Spanisch

Empfohlene Sprachen/Transkriptionen:

1   Spanisch

Guinea

Amtssprachen: Französisch

Empfohlene Sprachen/Transkriptionen:

1   Französisch

Guinea-Bissau

Amtssprachen: Portugiesisch

Empfohlene Sprachen/Transkriptionen:

1   Portugiesisch

Inseln:

Bissagosinseln (dt), Ilhas dos Bijagós (End)

Guyana

Amtssprachen: Englisch

Empfohlene Sprachen/Transkriptionen:

1   Englisch

Haiti

Amtssprachen: Französisch, Französisch-Kreolisch

Empfohlene Sprachen/Transkriptionen:

1   Französisch

Inseln:

Hispaniola (dt)

Honduras

Amtssprachen: Spanisch

Empfohlene Sprachen/Transkriptionen:

1   Spanisch

Indien

Gebiete ohne abweichende Regelungen

Amtssprachen: Hindi, Englisch

Empfohlene Sprachen/Transkriptionen:

1   Indisches Englisch

Besonderheiten:
Offizielle Amtssprache für den Gesamtstaat ist Hindi, das aber nur von einem Teil der Gesamtbevölkerung verstanden wird. Die einzelnen Bundesstaaten haben weitere Amtsprachen. Die offizielle Stellung des Englischen ist umstritten, es wird aber in vielen Fällen zur amtlichen Verständigung benutzt. Der Begriff „Indisches Englisch" soll ausdrücken, dass für geographische Namen die in Indien üblichen Namenformen in offiziöser englischsprachiger Kommunikation verwendet werden sollen und nicht eventuell im britischen oder amerikanischen Englisch übliche. Speziell gilt das für die in den letzten Jahren umbenannten größeren Städte wie Mumbai (früher Bombay), Kolkata (früher engl. Calcutta) usw. Die neuen Namenformen werden in Indien auch in englischen Texten verwendet. Die kolonialenglischen Formen sind daher Exonyme. Für einige bedeutende geographische Objekte bestehen im Dt. Exonyme (analog zu anderen europäischen Sprachen, z.B. *Ganges*) oder eigene Umschriftformen (z.B. *Himalaja*, mit j). Diese Namenformen sind hier als Exonyme angegeben.

Andhra Pradesh

Amtssprachen: Telugu, Englisch

Empfohlene Sprachen/Transkriptionen:

1   Indisches Englisch

Arunachal Pradesh

Amtssprachen: Englisch

Empfohlene Sprachen/Transkriptionen:

1   Indisches Englisch

Assam

Amtssprachen: Assamesisch, Bengali, Englisch

Empfohlene Sprachen/Transkriptionen:

1   Indisches Englisch

Delhi

Amtssprachen: Hindi, Urdu

Empfohlene Sprachen/Transkriptionen:

1   Indisches Englisch

Dschammu und Kaschmir

Amtssprachen: Kashmiri, Urdu, Englisch

Empfohlene Sprachen/Transkriptionen:

1   Indisches Englisch

Goa

Amtssprachen: Konkari, Marathi, Englisch

Empfohlene Sprachen/Transkriptionen:

1   Indisches Englisch

Gujarat

Amtssprachen: Gujarati

Empfohlene Sprachen/Transkriptionen:

1   Indisches Englisch

Haryana

Amtssprachen: Hindi

Empfohlene Sprachen/Transkriptionen:

1   Indisches Englisch

Himachal Pradesh

Amtssprachen: Hindi

Empfohlene Sprachen/Transkriptionen:

1 Indisches Englisch

Karnataka

Amtssprachen: Kannada

Empfohlene Sprachen/Transkriptionen:

1 Indisches Englisch

Kerala

Amtssprachen: Malayalam, Englisch

Empfohlene Sprachen/Transkriptionen:

1 Indisches Englisch

Madhya Pradesh

Amtssprachen: Hindi

Empfohlene Sprachen/Transkriptionen:

1 Indisches Englisch

Maharashtra

Amtssprachen: Marathi, Englisch

Empfohlene Sprachen/Transkriptionen:

1 Indisches Englisch

Manipur

Amtssprachen: Manipuri, Englisch

Empfohlene Sprachen/Transkriptionen:

1 Indisches Englisch

Meghalaya

Amtssprachen: Khasi, Garo, Englisch

Empfohlene Sprachen/Transkriptionen:

1 Indisches Englisch

Mizoram

Amtssprachen: Mizo, Englisch

Empfohlene Sprachen/Transkriptionen:

1 Indisches Englisch

Nagaland

Amtssprachen: Englisch

Empfohlene Sprachen/Transkriptionen:

1 Indisches Englisch

Orissa

Amtssprachen: Oriya, Hindi, Urdu, Bengali, Telugu, Malayam, Kannada, Panjabi, Englisch

Empfohlene Sprachen/Transkriptionen:

1 Indisches Englisch

Pandschab

Amtssprachen: Panjabi, Hindi, Urdu, Englisch

Empfohlene Sprachen/Transkriptionen:

1 Indisches Englisch

Pondicherry

Amtssprachen: Tamil, Malayalam, Telugu, Französisch, Englisch

Empfohlene Sprachen/Transkriptionen:

1 Indisches Englisch

Sikkim

Amtssprachen: Nepali, Englisch

Empfohlene Sprachen/Transkriptionen:

1 Indisches Englisch

Tamil Nadu

Amtssprachen: Tamil, Englisch

Empfohlene Sprachen/Transkriptionen:

1 Indisches Englisch

Tripura

Amtssprachen: Bengali, Kakborak

Empfohlene Sprachen/Transkriptionen:

1 Indisches Englisch

West Bengal

Amtssprachen: Bengali, Englisch

Empfohlene Sprachen/Transkriptionen:
1   Indisches Englisch

Berge, Gebirge:
Aravalligebirge (dt)
Khasigebirge (dt)
Ostghats (dt)
Patkaigebirge (dt)
Satpuragebirge (dt)
Vindhyagebirge (dt)
Westghats (dt)

Gewässer:
Ganges (dt), Ganga (End)
Indus (dt)
Satledsch (dt), Satluj (End)

Inseln:
Amindiven (dt)
Andamanen (dt)
Lakkadiven (dt)
Nikobaren (dt)

Kaps:
Kap Comorin (dt)

Landschaften:
Bengalen (dt)
Dadra und Nagar Haveli (dt)
Daman und Diu (dt)
Dschammu und Kaschmir (dt)
Gudscharat (dt)
Hindustan (dt)
Hochland von Dekkan (dt)
Kaschmir (dt)
Katsch (dt)
Koromandelküste (dt)
Malabarküste (dt)
Pandschab (dt)
Radschastan (dt)
Thar (End), *anstatt:* Wüste Thar
Vorderindien (dt)
Westbengalen (dt)

Pässe:
Karakorumpass (dt)
Shipkipass (dt)

Siedlungen:
Benares (dt), Varanasi (End)
Bengaluru (End), [Bengalore] (dt)
Delhi (End)
Haidarabad (dt), Hyderabad (End)
Kalkutta (dt), Calcutta (End)
Kochikode (End), [Kalikut] (dt)
Nicht aufzunehmen: Neu Delhi (dt), New Delhi (eng End), *Anm: Stadtteil von Delhi*
Panaji (End), [Goa] (dt)
Puducherry (End), [Pondichéry] (dt)
Triwandrum (dt), Tiruvanantapurum (End)

Indonesien

Amtssprachen: Indonesisch

Empfohlene Sprachen/Transkriptionen:
1   Indonesisch

Berge, Gebirge:
Maokegebirge (dt)

Gewässer:
Tobasee (dt)

Inseln:
Aruinseln (dt)
Bandainseln (dt)
Borneo (dt), Kalimantan (End)
Celebes (dt), Sulawesi (End)
Große Sundainseln (dt)
Java (dt)
Kaiinseln (dt)
Kleine Sundainseln (dt)
Linggainseln (dt)
Mapiainseln (dt)
Mentawaiinseln (dt)
Molukken (dt)
Natunainseln (dt)
Neuguinea (dt)
Riauinseln (dt)

Sangiheinseln (dt)

Seram (End), [Ceram] (dt)

Sulainseln (dt)

Sumatra (dt)

Landschaften:

Vogelkop (dt)

Siedlungen:

Ujung Pandang (End), [Makassar] (dt)

Irak

Gebiete ohne abweichende Regelungen

Amtssprachen: Arabisch

Empfohlene Sprachen/Transkriptionen:

1   Arabisch/Arabisch AKO

Kurdengebiet

Amtssprachen: Kurdisch, Arabisch

Empfohlene Sprachen/Transkriptionen:

1   Kurdisch

Berge, Gebirge:

Sagrosgebirge (dt)

Gewässer:

Euphrat (dt), Furat (End), *anstatt:* Westlicher Euphrat

Tigris (dt), Didschla (End)

Landschaften:

Mesopotamien (dt)

Wüste Nefud (dt)

Ruinenstätten:

Assur (dt)

Babylon (dt)

Nimrud (dt)

Ninive (dt)

Ur (dt)

Uruk (dt)

Siedlungen:

Bagdad (End)

Basra (End)

Mosul (dt), Al-Mausil (End)

Iran

Amtssprachen: Persisch

Empfohlene Sprachen/Transkriptionen:

1   Persisch/Persisch BGN, vereinfacht AKO

Berge, Gebirge:

Demawend (dt)

Elburs (dt)

Sagrosgebirge (dt)

Gewässer:

Arax (dt)

Hilmendsee (dt)

Kaspisches Meer (dt)

Salzsee (dt), *anstatt:* Namaksee

Urmiasee (dt)

Landschaften:

Belutschistan (dt)

Große Salzwüste (dt)

Wüste Lut (dt)

Ruinenstätten:

Persepolis (dt)

Susa (dt)

Siedlungen:

Ghom (End)

Isfahan (End)

Meschhed (End)

Schiras (End)

Täbris (End)

Teheran (dt), Tehran (End)

Irland

Amtssprachen: Englisch, Irisch

Empfohlene Sprachen/Transkriptionen:

1   Englisch

2   Irisch

Besonderheiten:
Siedlungsnamen sollen in englischer Form gebracht werden; es empfiehlt sich, nach Möglichkeit zusätzlich die irische Form nach einem Schrägstrich hinzuzufügen, z.B. *Dublin / Baile Átha Cliath.*

Inseln:

Araninseln (dt)

Britische Inseln (dt)

Irland (dt)

Island

Amtssprachen: Isländisch

Empfohlene Sprachen/Transkriptionen:

    1   Isländisch

Besonderheiten:
Sonderbuchstaben können wie folgt ersetzt werden: ð durch đ ; þ, Þ durch th, TH (Th). Möglich auch: für ð – dh, für Ð – DH.

Kaps:

Horn (End), *anstatt:* Nordkap

Reykjanes (End), *anstatt:* Kap Reykjanes

Israel

Amtssprachen: Iwrit, Arabisch

Empfohlene Sprachen/Transkriptionen:

    1   Iwrit/Iwrit Duden

Berge, Gebirge:

Berg Karmel (dt), *auch:* Karmelgebirge (dt)

Berg Tabor (dt)

Gewässer:

Jordan (dt), Jarden (End)

See Genezareth (dt), *auch:* See Gennesaret (dt)

Totes Meer (dt)

Landschaften:

Ebene Jesreel (dt)

Ebene Saron (dt)

Ebene Sephela (dt)

Galiläa (dt)

Judäa (dt)

Samaria (dt)

Wüste Juda (dt)

Siedlungen:

Haifa (dt), Chefa (End)

Jerusalem (dt), Jeruschalajim (End)

Nazareth (dt), Naserat (End)

Tel Aviv-Jaffa (dt), Tel Aviv-Jafo (End)

Tiberias (dt), Teweria (End)

Sonstiges:

Cäsarea (dt)

Italien

Gebiete ohne abweichende Regelungen

Amtssprachen: Italienisch

Empfohlene Sprachen/Transkriptionen:

    1   Italienisch

Besonderheiten:
Für viele italienische geographische Objekte verwendet das Dt., analog zu anderen europäischen Sprachen, Exonyme, die zum Teil durch das Lateinische vermittelt sind, zum Teil auf historischen Beziehungen seit dem Mittelalter beruhen. – Die in den Namenlisten nicht genannten Berge, Gebirge und Pässe sind mit dem italienischen Endonym aufzunehmen. (Gilt nicht für Südtirol und das Kanaltal.) – Zum Gebrauch der Akzentzeichen (` ´): Steht in italienischem Quellenmaterial ein Akzentzeichen über dem letzten Buchstaben eines Namens, z.B. *Forlí, Salò, Cefalù,* so entspricht es der normalen Orthographie und ist daher in die Karte zu übernehmen. Akzentzeichen an anderen Stellen des Namens sind bloße Aussprachehinweise; als solche können sie entweder generell beibehalten oder aber generell weggelassen werden, z.B. statt *Tàranto, Pavía* –*Taranto, Pavia.*

Besonderheiten bezüglich einzelner Gebiete:
1. Kanaltal: Aufgrund früherer Zugehörigkeit zu Kärnten und teilweise noch fortlebender deutscher Besiedlung gibt es für Objekte auch kleinerer Ordnung dt. Namenformen. Aufzunehmen ist jedenfalls *Tarvis (Tarvisio),* analog bei anderen Siedlungen, soweit der Platz ausreicht.
2. Friaul–Julisch-Venetien (außer Kanaltal): Bei Siedlungen ist die Hinzufügung amtlicher friaulischer Namenformen nach Schrägstrich zu den italienischen zu erwägen, z.B. *Udine/Udin, Tolmezzo/Tumiéç.*
3. Sardinien: Bei Siedlungen kann die sardische Namenform nach Schrägstrich zur italienischen hinzugefügt werden, z.B. *Cagliari/Casteddu.*

Aostatal

Amtssprachen: Französisch, Name des Hauptortes und der Talschaft auch Italienisch

Empfohlene Sprachen/Transkriptionen:

1 Französisch
2 Italienisch (Name des Hauptortes und der Talschaft

Besonderheiten:
Die französischen Namenformen sind allein amtlich; es genügt, nur diese aufzunehmen. Ausnahme: *Aosta/Aoste.*

offiziell ladinische Gebiete außerhalb Südtirols

Amtssprachen: Italienisch, Ladinisch

Empfohlene Sprachen/Transkriptionen:

1 Italienisch
2 Ladinisch

Besonderheiten:
Bei größeren Siedlungen ist die Hinzufügung amtlicher ladinischer Namenformen nach Schrägstrich zu den italienischen zu erwägen.

Südtirol

Amtssprachen: Deutsch, Italienisch, Ladinisch

Empfohlene Sprachen/Transkriptionen:

1 Deutsch
2 Italienisch
3 Ladinisch

Besonderheiten:
a) Für das deutschsprachige Gebiet genügt die Aufnahme der dt. Namenformen, doch empfiehlt sich bei größeren Siedlungen die Hinzufügung des italienischen Namens; z.B. *Bozen/Bolzano.*
b) Für das ladinischsprachige Gebiet der Prov. Bozen sollte gelten: dt. Namenform an erster Stelle, ladinische Form nach Schrägstrich an zweiter Stelle, z.B. *St. Ulrich in Gröden/Urtijëi.*

Berge, Gebirge:

Abruzzischer Apennin (dt)

Adamellogruppe (dt)

Apenninen (dt)

Apuanische Alpen (dt)

Ätna (dt)

Bergamasker Alpen (dt)

Brentagruppe (dt)

Nicht aufzunehmen: Brescianer Alpen

Cottische Alpen (dt)

Dolomiten (dt)

Dufourspitze (dt)

Nicht aufzunehmen: Engadiner Alpen

Grajische Alpen (dt)

Julische Alpen (dt)

Nicht aufzunehmen: Julische Voralpen

Kampanischer Apennin (dt)

Karnische Alpen (dt)

Nicht aufzunehmen: Karnische Voralpen

Lessinische Alpen (dt)

Nicht aufzunehmen: Ligurische Alpen

Ligurischer Apennin (dt)

Matterhorn (dt)

Meeralpen (dt)

Mittlerer Apennin (dt)

Mont Blanc (dt), *anstatt:* Montblanc, *auch anstatt:* Monte Bianco

Monti del Chianti (End), *anstatt:* Chiantiberge

Monti Nebrodi (End), *anstatt:* Nebrodisches Gebirge

Nördlicher Apennin (dt)

Rätische Alpen (dt)

Savoyer Alpen (dt)

Südlicher Apennin (dt), *anstatt:* Neapolitanischer Apennin

Tessiner Alpen (dt)

Toskanischer Apennin (dt), *anstatt:* Etrurischer Apennin

Umbrischer Apennin (dt)

Venezianer Alpen (dt)

Vesuv (dt)

Nicht aufzunehmen: Vicentiner Alpen

Walliser Alpen (dt)

Gewässer:

Bolsenasee (dt)

Braccianosee (dt)

Comer See (dt)

Etsch (dt), Adige (End)

Gardasee (dt)

Iseosee (dt)

Luganer See (dt)

Tiber (dt), Tevere (End)

Trasimenischer See (dt)

Inseln:

Ägadische Inseln (dt)

Liparische Inseln (dt)

Pelagische Inseln (dt)

Pontinische Inseln (dt)

Sardinien (dt)

Sizilien (dt)

Toskanischer Archipel (dt)

Tremitiinseln (dt)

Kaps:

Kap Carbonara (dt)

Kap Passero (dt)

Kap Santa Maria di Leuca (dt)

Kap Spartivento (dt)

Kap Teulada (dt)

Landschaften:

Abruzzen (dt)

Aostatal (dt)

Apenninenhalbinsel (dt)

Apulien (dt)

Bergell (dt)

Dreizehn Gemeinden (dt)

Fassatal (dt)

Fersental (dt)

Fleimstal (dt)

Friaul–Julisch-Venetien (dt)

Judikarien (dt)

Kalabrien (dt)

Kampanien (dt)

Kanaltal (dt)

Karnien (dt)

Latium (dt)

Ligurien (dt)

Lombardei (dt)

Lysstal (dt)

Maremmen (dt)

Marken (dt)

Montferrat (dt)

Nonsberg (dt)

Piemont (dt)

Poebene (dt)

Sieben Gemeinden (dt)

Sulzberg (dt)

Toskana (dt)

Umbrien (dt)

Veltlin (dt)

Venetien (dt)

Pässe:

Col de Larche (End), *anstatt:* Maddalenapass

Colle di Cadibona (End), *anstatt:* Altarepass

Falzaregopass (dt)

Großer Sankt Bernhard (dt)

Kleiner Sankt Bernhard (dt)

Pordoijoch (dt)

Sant'Iorio-Pass (dt)

Splügen (dt)

Tonalepass (dt)

Umbrailpass (dt)

Weißenfelser Sattel (dt)

Ruinenstätten:

Aquileja (dt)

Herculaneum (dt)

Paestum (dt)

Pompeji (dt)

Siedlungen:

Aosta (it End) / Aoste (frz End)

Florenz (dt), Firenze (End)

Genua (dt), Genova (End)

Görz (dt), Gorizia (End)

Lusern (dt End) / Luserna (it End)

Mailand (dt), Milano (End)

Mantua (dt), Mantova (End)

Neapel (dt), Napoli (End)

Padua (dt), Padova (End)

Rom (dt), Roma (End)

Syrakus (dt), Siracusa (End)

Tarent (dt), Taranto (End)

Tarvis (dt), Tarvisio (End)

Trient (dt), Trento (End)

Triest (dt), Trieste (End)

Turin (dt), Torino (End)

Venedig (dt), Venezia (End)

Italien/Südtirol

Landschaften:

Abtei (dt), *anstatt:* Abteital

Ahrn (dt), *anstatt:* Ahrntal

Gröden (dt), *anstatt:* Grödner Tal

Martell (dt), *anstatt:* Martelltal

Passeier (dt), *anstatt:* Passeiertal

Pfitsch (dt), *anstatt:* Pfitscher Tal

Ridnaun (dt), *anstatt:* Ridnauntal

Schnals (dt), *anstatt:* Schnalser Tal

Taufers (dt), *anstatt:* Tauferstal

Ulten (dt), *anstatt:* Ultental

Vinschgau (dt), *anstatt:* Vintschgau

Pässe:

Birnlucken (dt), *anstatt:* Birnlücke

Brenner (dt), *anstatt:* Brennerpass

Kreuzberg (dt), *anstatt:* Kreuzbergsattel

Reschenpass (dt), *anstatt:* Reschenscheideck

Jamaika

Amtssprachen: Englisch

Empfohlene Sprachen/Transkriptionen:

    1   Englisch

Inseln:

Jamaika (dt)

Japan

Amtssprachen: Japanisch

Empfohlene Sprachen/Transkriptionen:

    1   Japanisch/Modified Hepburn

Besonderheiten:
Bei Heranziehung von Quellenmaterial in Schreibung nach dem Kunrei-System sind folgende Regeln für die Umsetzung aus diesem in das Hepburn-System zu beachten: Kunrei: hu si sy ti tu ty zi zy - Hepburn: fu shi sh chi tsu ch ji j

Berge, Gebirge:

Abukumagebirge (dt)

Chūgokugebirge (dt)

Fujiyama (dt), *auch:* Fudschijama (dt), Fuji-san (End)

Hidagebirge (dt)

Hidakagebirge (dt)

Kitamibergland (dt)

Mikunigebirge (dt)

Gewässer:

Biwasee (dt)

Inseln:

Amakusainseln (dt)

Amami Oshima (End)

Amamigruppe (dt)

Aoga Shima (End)

Chichi Shima (End)

Daito-Inseln (dt)

Fukue Jima (End)

Gotōgruppe (dt)

Hachijō Jima (End)

Haha Jima (End)

Hokkaidō (End)

Honshū (End), *auch:* Hondo (End), *anstatt:* Honschu

Iō Tō (End), *auch:* Iwo Jima (End)

Iō-Inseln (dt), *auch:* Vulkaninseln (dt)

Iriomote Jima (End)

Ishigaki Shima (End)

Izuinseln (dt)

Kita Daitō Jima (End)

Kyūshū (End), *anstatt:* Kiushu

Minami Daito-Jima (End)

Minami Tori-shima (End), [Markusinsel] (dt)

Miyako Jima (End)

Muko Jima (End)

Nakadōri Shima (End)

Nampoinseln (dt)

Nishino Shima (End)

Ogasawara-Inseln (dt), *auch:* Bonin-Inseln (dt)

Oki-Inseln (dt)

Okinawa Jima (End)

Okinawagruppe (dt)

Okino Daitō Jima (End)

Okushiri Tō (End)

Osumi-Inseln (dt)

Rebun Tō (End)

Rishiri Tō (End)

Ryūkyū-Inseln (dt)

Sado Shima (End)

Sakishimagruppe (dt)

Senkakugruppe (dt)

Shikoku (End), *anstatt:* Schikoku

Syōfu Gan (End), [Lots Frau] (dt)

Tanega Shima (End)

Tokara-Inseln (dt)

Tokuno Shima (End)

Tori Shima (End)

Tsushima (End)

Yaku Shima (End)

Yonaguni Jima (End)

Kaps:

Kap Ashizuri (dt)

Kap Erimo (dt)

Kap Irō (dt)

Kap Kamui (dt)

Kap Muroto (dt)

Kap Nojima (dt)

Kap Shiono (dt)

Kap Sōya (dt)

Kap Suzu (dt)

Landschaften:

Notohalbinsel (dt)

Oschimahalbinsel (dt)

Siedlungen:

Hiroshima (End), *anstatt:* Hiroschima

Honjō (End)

Kagoshima (End), *anstatt:* Kagoschima

Kitakyūshū (End)

Kōbe (End)

Kōchi (End)

Kōriyama (End)

Kyōto (End)

Osaka (End)

Tokio (dt), Tōkyō (End)

Yokohama (End), *anstatt:* Jokohama

Sonstiges:

Seikantunnel (dt)

Jemen

Amtssprachen: Arabisch

Empfohlene Sprachen/Transkriptionen:
1   Arabisch/Arabisch AKO

Inseln:

Sokotra (dt)

Siedlungen:

al Mucha (End), [Mokka] (dt)

Jordanien

Amtssprachen: Arabisch

Empfohlene Sprachen/Transkriptionen:
1   Arabisch/Arabisch AKO

Gewässer:

Jordan (dt), Urdunn (End)

Totes Meer (dt)

Sonstiges:

Hedschasbahn (dt)

Petra (dt)

Kambodscha

Amtssprachen: Khmer

Empfohlene Sprachen/Transkriptionen:
1   Khmer/Khmer UN

Siedlungen:

Kratie (End), *anstatt:* Kracheh

Phnom Penh (dt), Phnum Pénh (End)

Kamerun

Gebiete ohne abweichende Regelungen

Amtssprachen: Französisch, Englisch

Empfohlene Sprachen/Transkriptionen:
1   Französisch

Westkamerun

Amtssprachen: Französisch, Englisch

Empfohlene Sprachen/Transkriptionen:
1   Englisch

Berge, Gebirge:

Kamerunberg (dt)

Gewässer:

Tschadsee (dt)

Siedlungen:

Douala (End), [Duala] (dt)

Jaunde (dt), Yaoundé (End)

Kanada

Besonderheiten:
Zur Verwendung des Wortes *River* in Namen von Flüssen
– s. „Vereinigte Staaten".

Englischsprachige Gebiete

Amtssprachen: Englisch, Französisch

Empfohlene Sprachen/Transkriptionen:

1   Englisch

Besonderheiten:
Inuit-Namen nach Schrägstrich in den Nordwestterritorien

Nunavut

Amtssprachen: Inuktitut, Englisch, Französisch

Empfohlene Sprachen/Transkriptionen:

1   Inuktitut/Lateinschriftige Formen

Quebec

Amtssprachen: Französisch, Englisch

Empfohlene Sprachen/Transkriptionen:

1   Französisch

Berge, Gebirge:

Rocky Mountains (End), [Felsengebirge] (dt)

Gewässer:

Athabascasee (dt)

Bow River (End)

Cabongastausee (dt)

Churchillfälle (dt)

Eriesee (dt)

Foxekanal (dt)

Gouinstausee (dt)

Große Seen (dt)

Großer Bärensee (dt)

Großer Sklavensee (dt)

Huronensee (dt)

Kleiner Sklavensee (dt)

Lac Mistassini (End), *anstatt:* Lake Mistassini, auch anstatt: Mistassinisee

Lac Saint Jean (End), *anstatt:* St.-Jean-See

Manitobasee (dt)

Micastausee (dt)

Michigansee (dt)

Nechakostastausee (dt)

Niagarafälle (dt)

Oberer See (dt)

Ontariosee (dt)

Ottawa (eng End) / Outaouais (frz End)

Peace River (End), *anstatt:* Friedensfluss

Petit Lac des Loups Marins (End), *anstatt:* Upper Seal Lake

Qu'Appelle River (End)

Red Deer River (End)

Rentiersee (dt)

Ribstone Creek (End)

Rivière La Grande (End), *anstatt:* Fort George River

Sankt-Lorenz-Seeweg (dt)

Sankt-Lorenz-Strom (dt), Fleuve Saint-Laurent (frz End), Saint Lawrence River (eng End)

Smallwoodstausee (dt)

Sounding Creek (End)

Winnipegosissee (dt)

Winnipegsee (dt)

Inseln:

Akimiskiinsel (dt)

Axel-Heiberg-Insel (dt)

Baffininsel (dt)

Banksinsel (dt)

Bathurstinsel (dt)

Belcherinseln (dt)

Bordeninsel (dt)

Coatsinsel (dt)

Devon (End), *anstatt:* Devoninsel

Ellesmereinsel (dt)

Kap-Breton-Insel (dt)

Königin-Charlotte-Inseln (dt)

Königin-Elisabeth-Inseln (dt)

König-Wilhelm-Insel (dt)

Magdaleneninseln (dt), *anstatt:* Îles de la Madeleine, *auch anstatt:* Magdalen Islands

Manselinsel (dt)

Melvilleinsel (dt)

Neufundland (dt)

Parryinseln (dt)

Prinz-Charles-Insel (dt)

Prinz-Eduard-Insel (dt)

Prinz-Patrick-Insel (dt)

Prinz-von-Wales-Insel (dt)

Somersetinsel (dt)

Southamptoninsel (dt)

Sverdrupinseln (dt)

Vancouverinsel (dt)

Viktoriainsel (dt)

Kaps:

Kap Bathurst (dt)

Kap Bauld (dt)

Kap Breton (dt)

Kap Chidley (dt)

Kap Columbia (dt)

Kap Freels (dt)

Kap Gaspé (dt)

Kap Mercy (dt)

Kap Race (dt)

Kap Ray (dt)

Kap Sable (dt)

Kap Saint Charles (dt)

Kap Wolstenholme (dt)

Landschaften (einschließlich Verwaltungsgebiete):

Britisch-Kolumbien (dt)

Gaspésie (End), *anstatt:* Gaspéhalbinsel

Kanadischer Schild (dt)

Neubraunschweig (dt)

Neufundland (dt)

Neuschottland (dt), *Anm.: Halbinsel*

Neuschottland (dt), Nova Scotia (End), *Anm.: Provinz*

Nordwestterritorien (dt)

Prinz-Albert-Halbinsel (dt)

Prinz-Eduard-Insel (dt), *Anm.: Provinz*

Siedlungen:

Montréal (End), [Montreal] (dt)

Québec (End), [Quebec] (dt)

Kap Verde

Amtssprachen: Portugiesisch

Empfohlene Sprachen/Transkriptionen:

1 Portugiesisch

Inseln:

Kapverdische Inseln (dt)

Kasachstan

Amtssprachen: Kasachisch, Russisch

Empfohlene Sprachen/Transkriptionen:

1 Kasachisch/Kasachisch (Kyrillisch)

Besonderheiten:
Das Kasachische wird in einem offiziellen kyrillischen Alphabet geschrieben, daneben auch in einem inoffiziellen Lateinalphabet. Da Quellen in Lateinschrift aber schwer zu finden sind, empfiehlt sich die Umschrift aus dem kyrillischen Alphabet nach der im Einführungsteil angegebenen Tabelle für Kyrillisch.

Berge, Gebirge:

Kasachische Schwelle (dt)

Ustjurtplateau (dt)

Gewässer:

Alakolsee (dt)

Aralsee (dt)

Balkaschsee (dt)

Buchtarmastausee (dt)

Karagandakanal (dt)

Kaspisches Meer (dt)

Schwarzer Irtysch (dt)

Inseln:

Syr-Darja (End)

Tjuleninseln (dt)

Landschaften:

Betpak-Dala (End), *anstatt:* Hungersteppe

Ischimsteppe (dt)

Nicht aufzunehmen: Kasachensteppe

Kaspisches Tiefland (dt)

Kulundaebene (dt)

Turgaisenke (dt)

Pässe:

Dsungarische Pforte (dt)

Katar

Amtssprachen: Arabisch

Empfohlene Sprachen/Transkriptionen:
1   Arabisch/Arabisch AKO

Siedlungen:

Doha (dt), Ad-Dauha (End)

Kenia

Amtssprachen: Suaheli, Englisch

Empfohlene Sprachen/Transkriptionen:
1   Suaheli

Berge, Gebirge:

Hochland von Kenia (dt)

Gewässer:

Natronsee (dt)

Turkanasee (dt), [Rudolfsee] (dt)

Victoriasee (dt)

Kirgisistan

Amtssprachen: Kirgisisch

Empfohlene Sprachen/Transkriptionen:
1   Kirgisisch/Kyrillisch AKO

Besonderheiten:
Russisch als Arbeitsprache anerkannt.

Berge, Gebirge:

Alatau (End), *Anm.: vgl. „China/Sinkiang"*

Pik Podeby (dt)

Transaltai (dt)

Gewässer:

Issyk-Kul (dt)

Landschaften:

Turkestan (dt)

Kiribati

Amtssprachen: Kiribati, Englisch

Empfohlene Sprachen/Transkriptionen:
1   Kiribati

Inseln:

Banaba (End), [Ozeaninsel] (dt)

Fanninginsel (dt), Tabueran (End)

Gilbertinseln (dt)

Linieninseln (dt)

Phönixinseln (dt)

Terana (End), [Washingtoninsel] (dt)

Weihnachtsinsel (dt), Kiritimati (End)

Zentralpolynesische Sporaden (dt)

Kolumbien

Amtssprachen: Spanisch

Empfohlene Sprachen/Transkriptionen:
1   Spanisch

Kaps:

Kap Gallinas (dt)

Landschaften:

Orinocotiefland (dt)

Komoren

Amtssprachen: Arabisch, Französisch

Empfohlene Sprachen/Transkriptionen:
1   Französisch

Inseln:

Komoren (dt)

Mwali (arab End) / Mohéli (frz End)

Njazidja (arab End) / Grande Comore (frz End)

Nzwani (arab End) / Anjouan (frz End)

Kongo

Amtssprachen: Französisch

Empfohlene Sprachen/Transkriptionen:
1   Französisch

Kongo, Demokratische Republik, *siehe* Demokratische Republik Kongo

Korea, Demokratische Republik, *siehe* Nordkorea

Korea, Republik, *siehe* Südkorea

Kosova/Kosovo

Amtssprachen: Albanisch, Serbisch,

Empfohlene Sprachen/Transkriptionen:

1 Albanisch
2 Serbisch/Serbisch UN

Besonderheiten:
Im ganzen Kosova/Kosovo sind Albanisch und Serbisch amtlich gleichgestellt. Alle Objekte sollten daher in beiden Sprachen, durch Schrägstrich getrennt, benannt sein. Auf Landkarten finden sich albanische geographische Namen sowohl mit angehängtem Artikel (-i, -u, -a) als auch ohne diesen. Empfohlen wird, entsprechend dem Gebrauch in Albanien mit Ausnahme von *Kosova* (nicht *Kosovë*) die Form des angehängten Artikels (-i, -u, -a) nur in Verbindungen wie *Drini i Bardhë* („Weißer Drin") zu verwenden.

Gewässer:

Weißer Drin (dt), Drini i Bardhë (alb End) / Beli Drim (serb End)

Landschaften:

Amselfeld (dt)

Kosovo, *siehe* Kosova/Kosovo

Kroatien

Amtssprachen: Kroatisch

Empfohlene Sprachen/Transkriptionen:

1 Kroatisch

Besonderheiten:
Viele früher im Dt. gebräuchliche Namenformen haben nur noch historische Bedeutung. Es handelt sich einerseits um dt. Formen wie *Karlstadt, Esseg* (vorwiegend im Gebiet des ehem. Königreichs Kroatien-Slawonien), andererseits um italienische Formen, die in Österreich neben den kroatischen bis 1918 amtlich waren und faktisch bis gegen die Mitte des 20. Jahrhunderts in Gebrauch standen, wie *Pola, Ragusa* (vorwiegend im adriatischen Küstengebiet). In einigen Gemeinden Istriens sind die italienischen Siedlungsnamen neben den kroatischen amtlich, daher z.B. *Novigrad / Cittanova, Rovinj / Rovigno, Umag / Umago, Vodnjan / Dignano.* Es empfiehlt sich, sie nach Schrägstrich aufzunehmen. – Zur Schreibung zweiteiliger physisch-geographischer Namen: Das zweite Wort wird klein geschrieben, wenn es der generische Bestandteil ist (d.h., die Objektart angibt), z.B. *Dugi otok* (otok = ‚Insel').

Berge, Gebirge:

Bilogebirge (dt), Bila gora (End)

Medvednica (End), [Agramer Gebirge] (dt)

Uskokengebirge (dt)

Gewässer:

Donau (dt), Dunav (End)

Drau (dt), Drava (End)

Mur (dt), Mura (End)

Save (dt), Sava (End)

Inseln:

Brionische Inseln (dt)

Dalmatinische Inseln (dt)

Kvarnerinseln (dt)

Vis (End), [Lissa] (dt)

Kaps:

Kap Kamenjak (dt)

Landschaften:

Dalmatien (dt)

Istrien (dt)

Međimurje (End), *anstatt:* Zwischenmurgebiet

Slawonien (dt)

Siedlungen:

Dubrovnik (End), [Ragusa] (dt)

Karlovac (End), [Karlstadt] (dt)

Opatija (End), [Abbazia] (dt)

Osijek (End), [Esseg] (dt)

Rijeka (End), [Fiume] (dt)

Split (End), [Spalato] (dt)

Zadar (End), [Zara] (dt)

Zagreb (End), [Agram] (dt)

Kuba

Amtssprachen: Spanisch

Empfohlene Sprachen/Transkriptionen:
1 Spanisch

Inseln:

Kuba (dt)

Kaps:

Kap San Antonio (dt)

Siedlungen:

Havanna (dt), La Habana (End)

Kuwait

Amtssprachen: Arabisch

Empfohlene Sprachen/Transkriptionen:
1 Arabisch/Arabisch AKO

Laos

Amtssprachen: Laotisch

Empfohlene Sprachen/Transkriptionen:
1 Laotisch/Laotisch BGN

Siedlungen:

Viangchan (End), [Vientiane] (dt)

Lesotho

Amtssprachen: Sesotho, Englisch

Empfohlene Sprachen/Transkriptionen:
1 Sesotho

Berge, Gebirge:

Drakensberge (dt)

Lettland

Amtssprachen: Lettisch

Empfohlene Sprachen/Transkriptionen:
1 Lettisch

Besonderheiten:
Aufgrund langer intensiver Beziehungen zum dt. Sprachgebiet existieren dt. Exonyme sogar für weniger bedeutende Objekte (Siedlungen, Binnengewässer). Viele davon geraten im dt. Sprachraum allmählich in Vergessenheit. Die hier angeführten bilden eine Auswahl aus denjenigen, die bei Landeskundigen weiterhin in Gebrauch stehen.

Gewässer:

Düna (dt), Daugava (End)

Kurländische Aa (dt), Lielupe (End)

Livländische Aa (dt), Gauja (End)

Lubansee (dt)

Windau (dt), Venta (End)

Landschaften:

Kurland (dt)

Lettgallen (dt)

Livland (dt)

Semgallen (dt)

Siedlungen:

Daugavpils (End), [Dünaburg] (dt)

Jelgava (End), [Mitau] (dt)

Liepāja (End), [Libau] (dt)

Ventspils (End), [Windau] (dt)

Libanon

Amtssprachen: Arabisch

Empfohlene Sprachen/Transkriptionen:
1 Arabisch/Arabisch AKO

Besonderheiten:
Für einige geographische Objekte verwendet das Dt. (analog wie alle europäischen Sprachen) Exonyme, die durch die antike und mittelalterliche Geschichte vermittelt sind.

Berge, Gebirge:

Antilibanon (dt)

Hermon (dt)

Libanon (dt)

Gewässer:

Jordan (dt), Urdunn (End)

Orontes (dt)

Landschaften:

Bekaa-Ebene (dt)

Siedlungen:

Beirut (End)

Sidon (dt), Saida (End)

Tripolis (dt), Tarabulus (End)

Tyrus (dt), Sur (End)

Liberia

Amtssprachen: Englisch

Empfohlene Sprachen/Transkriptionen:

1   Englisch

Kaps:

Kap Palmas (dt)

Landschaften:

Pfefferküste (dt)

Libyen

Amtssprachen: Arabisch

Empfohlene Sprachen/Transkriptionen:

1   Arabisch/Arabisch AKO

Berge, Gebirge:

Bergland von Tibesti (dt)

Landschaften:

Cyrenaica (dt)

Fessan (dt)

Kufra-Oasen (dt)

Libysche Wüste (dt)

Tripolitanien (dt)

Siedlungen:

Bengasi (End), *anstatt:* Bengazi

Kyrene (dt), Schahnat (End), [Cyrene] (dt)

Misurata (End), *anstatt:* Misratah

Syrte (dt), Surt (End), *anstatt:* Sirte

Tobruk (End), *anstatt:* Tubruq

Tripolis (dt), Tarabulus (End)

Liechtenstein

Amtssprachen: Deutsch

Empfohlene Sprachen/Transkriptionen:

1   Deutsch

Litauen

Amtssprachen: Litauisch

Empfohlene Sprachen/Transkriptionen:

1   Litauisch

Besonderheiten:
Dt. Exonyme für Siedlungen waren nur im ehemals preußischen Memelgebiet zahlreich und geraten vielfach im dt. Sprachraum schon in Vergessenheit.

Gewässer:

Memel (dt), *Anm.: im Unterlauf, sonst* Njemen (dt), Nemunas (End)

Njemen (dt), *Anm.: im Unterlauf* Memel (dt), Nemunas (End)

Windau (dt), Venta (End)

Landschaften:

Kurische Nehrung (dt)

Memelland (dt)

Siedlungen:

Klaipeda (End), Memel (dt, *wahlweise vor- oder nachrangig*)

Wilna (dt), Vilnius (End)

Luxemburg

Amtssprachen: Französisch, Letzeburgisch, Deutsch

Empfohlene Sprachen/Transkriptionen:

1   Deutsch

Besonderheiten:
Es genügt die Aufnahme der dt. Namenformen.

Madagaskar

Amtssprachen: Madegassisch (interne Amtssprache),
Französisch (externe Amtssprache)

Empfohlene Sprachen/Transkriptionen:

1   Madegassisch

Inseln:

Madagaskar (dt)

Kaps:

Kap Ambre (dt)

Kap Saint André (dt)

Kap Sainte Marie (dt)

Siedlungen:

Antananarivo (End), [Tananarive] (dt)

Makedonien (*auch:* Mazedonien)

Gebiete ohne abweichende Regelungen

Amtssprachen: Makedonisch, Albanisch

Empfohlene Sprachen/Transkriptionen:

1   Makedonisch/Makedonisch UN

Besonderheiten:
Name der Hauptstadt zweisprachig: *Skopje/Shkup*

albanische Siedlungsgebiete

Amtssprachen: Makedonisch, Albanisch

Empfohlene Sprachen/Transkriptionen:

1   Makedonisch/Makedonisch UN
2   Albanisch

Besonderheiten:
Albanisch wie in Albanien außer in Verbindungen wie *Drini i Zi*

Berge, Gebirge:

Šar Planina (mak End) / Mali i Sharrit (alb End)

Gewässer:

Ohridsee (dt)

Prespasee (dt)

Schwarzer Drin (dt), Crni Drim (mak End) / Drini i Zi (alb End)

Malawi

Amtssprachen: Nyanja, Englisch

Empfohlene Sprachen/Transkriptionen:

1   Nyanja

Gewässer:

Malawisee (dt), [Njassasee] (dt)

Malaysia

Amtssprachen: Malaiisch

Empfohlene Sprachen/Transkriptionen:

1   Malaiisch

Inseln:

Borneo (dt), Kalimantan (End)

Große Sunda-Inseln (dt)

Siedlungen:

Melaka (End), [Malakka] (dt)

Malediven

Amtssprachen: Dhivehi

Empfohlene Sprachen/Transkriptionen:

1   Dhivehi/Dhivehi BGN

Mali

Amtssprachen: Französisch

Empfohlene Sprachen/Transkriptionen:

1   Französisch

Gewässer:

Fagibinsee (dt)

Siedlungen:

Timbuktu (dt), Tombouctou (End)

Malta

Amtssprachen: Maltesisch (interne Amtssprache),
Englisch (externe Amtssprache)

Empfohlene Sprachen/Transkriptionen:

1   Maltesisch

Inseln:

Gozo (End)

Siedlungen:

Valletta (End)

Marokko

Amtssprachen: Arabisch

Empfohlene Sprachen/Transkriptionen:

1   Arabisch/Arabisch AKO

Besonderheiten:
Französisch Arbeitssprache. Im Sinne einer einheitlichen
Umschriftung für alle arabischsprachigen Länder empfiehlt
es sich, die oft anzutreffende Umschrift auf französische
Art nicht zu übernehmen.

Berge, Gebirge:

Antiatlas (dt)

Hoher Atlas (dt)

Mittlerer Atlas (dt)

Saharaatlas (dt)

Kaps:

Kap Spartel (dt)

Landschaften:

Hochland der Schotts (dt)

Siedlungen:

Casablanca (dt), Dar al Beida (End)

Fes (End), *anstatt:* Fez

Marrakesch (End)

Rabat (End)

Tanger (dt), Tandscha (End)

Marshallinseln

Amtssprachen: Marshallesisch, Englisch

Empfohlene Sprachen/Transkriptionen:

1   Marshallesisch

Inseln:

Bikini-Atoll (dt)

Eniwetok-Atoll (dt)

Ralikkette (dt)

Ratakkette (dt)

Mauretanien

Amtssprachen: Arabisch

Empfohlene Sprachen/Transkriptionen:

1   Arabisch/Arabisch AKO

Besonderheiten:
Im Sinne einer einheitlichen Umschriftung für alle arabisch-
sprachigen Länder empfiehlt es sich, die oft anzutreffende
Umschrift auf französische Art nicht zu übernehmen.

Kaps:

Kap Blanco (dt)

Siedlungen:

Nuakschott (End), [Nouakchott] (dt)

Mauritius

Amtssprachen: Englisch

Empfohlene Sprachen/Transkriptionen:

1   Englisch

Inseln:

Maskarenen (dt)

Mazedonien, siehe Makedonien

Mexiko

Amtssprachen: Spanisch

Empfohlene Sprachen/Transkriptionen:

1   Spanisch

Berge, Gebirge:

Sierra Madre Occidental (End), *auch:* Westliche Sierra Madre (dt)

Sierra Madre Oriental (End), *auch:* Östliche Sierra Madre (dt)

Inseln:

Revilla-Gigedo-Inseln (dt)

Kaps:

Cabo Falso (End), *anstatt:* Kap San Lucas

Kap Catocho (dt)

Punta Eugenia (End), *anstatt:* Kap Eugenia

Landschaften:

Hochland von Mexiko (dt)

Isthmus von Tehuantepec (dt)

Niederkalifornien (dt)

Siedlungen:

Mexiko (dt), México (End)

Sonstiges:

Sierra-de-San-Pedro-Mártir-Nationalpark (dt)

Mikronesien

Amtssprachen: Englisch

Empfohlene Sprachen/Transkriptionen:
1   Englisch

Besonderheiten:
Daneben regionale Amtssprachen Kosrae, Pohnpei, Chuukesisch, Yapesisch

Inseln:

Japinseln (dt), Yap (End)

Karolinen (dt)

Ponape (dt)

Trukinseln (dt)

Moldau

Gebiete ohne abweichende Regelungen

Amtssprachen: Moldauisch

Empfohlene Sprachen/Transkriptionen:
1   Moldauisch

Besonderheiten:
bis 1989 kyrillischschriftig

Autonomes Gebiet der Gagausen

Amtssprachen: Moldauisch, Gagausisch, Russisch

Empfohlene Sprachen/Transkriptionen:
1   Moldauisch
2   Gagausisch
3   Russisch/Kyrillisch AKO

Transnistrien

Amtssprachen: Moldauisch, Russisch, Ukrainisch

Empfohlene Sprachen/Transkriptionen:
1   Moldauisch
2   Russisch/Kyrillisch AKO
3   Ukrainisch/Kyrillisch AKO

Besonderheiten:
Nach Ansicht der moldauischen Regierung gibt es eine Einheit namens „Transnistrien" nicht. Ebenso anerkennt sie keine speziellen Sprachenrechte für dieses Gebiet. Mit der Ausweisung dieser Region ist wie in allen anderen Fällen keine Aussage über den tatsächlichen politischen Status verbunden, vielmehr wird damit die faktische Gebräuchlichkeit von Sprachformen für die Benennung geographischer Objekte berücksichtigt.

Gewässer:

Dnjestr (dt), Nistru (End)

Landschaften:

Bessarabien (dt)

Siedlungen:

Kischinew (dt), Chișinău (End)

Monaco

Amtssprachen: Französisch

Empfohlene Sprachen/Transkriptionen:
1   Französisch

Mongolei

Amtssprachen: Mongolisch

Empfohlene Sprachen/Transkriptionen:
   1   Mongolisch/Kyrillisch AKO

Berge, Gebirge:

Changaigebirge (dt)

Jablongebirge (dt)

Mongolischer Altai (dt)

Sajan (dt)

Tannuola (End), *anstatt:* Tannugebirge

Gewässer:

Char Us Nuur (End)

Cherlen Gol (End), *auch:* Cherlen (End)

Kleiner Jenissei (dt)

Orchon Gol (End), *auch:* Orchon (End)

Selenge (End), *Anm.: in Russland:* Selenga

Uws Nuur (End)

Landschaften:

Gobi (dt)

Siedlungen:

Chowd (End)

Sain-Schand (End)

Suchbaatar (End)

Tschoibalsan (End)

Ulan Bator (dt), Ulaanbaatar (End)

Uliastai (End)

Zezerleg (End)

Montenegro

Amtssprachen: Montenegrinisch, Serbisch, Bosnisch, Albanisch, Kroatisch

Empfohlene Sprachen/Transkriptionen:
   1   Montenegrinisch/Serbisch UN

Besonderheiten:
Montenegrinisch kann amtlich sowohl in kyrillischer als auch in Lateinschrift geschrieben werden. Wenn für Ortsnamen keine Quellen in Lateinschrift zur Verfügung stehen, kann nach dem UN-System für das Serbische umschriftet werden.
Zur Schreibung zweiteiliger physisch-geographischer Namen: Das zweite Wort wird klein geschrieben, wenn es der generische Bestandteil ist (d.h., die Objektart angibt), z.B. *Skadarsko jezero* (jezero = See).
Auf Gemeindeebene können Namenformen in Minderheitensprachen amtlich sein. Es empfiehlt sich, sie nach Schrägstrich aufzunehmen.

Gewässer:

Skutarisee (dt)

Siedlungen:

Kotor (End), [Cattaro] (dt)

Mosambik

Amtssprachen: Portugiesisch

Empfohlene Sprachen/Transkriptionen:
   1   Portugiesisch

Gewässer:

Cabora-Bassa-Stausee (dt), Cahora Bassa (End)

Malawisee (dt), [Njassasee] (dt)

Sambesi (dt)

Siedlungen:

Maputo (End), [Lourenço Marques] (dt)

Myanmar

Amtssprachen: Birmanisch

Empfohlene Sprachen/Transkriptionen:
   1   Birmanisch/Birmanisch BGN

Berge, Gebirge:

Ragainggebirge (dt), *auch:* Arakangebirge (dt)

Gewässer:

Irawadi (dt), Eyawati (End)

Salwin (dt), Thanlwin (End)

Inseln:

Myeikinseln (dt), *anstatt:* Mergiarchipel

Siedlungen:

Rangun (dt), Yangon (End)

88

Namibia

Amtssprachen: Englisch

Empfohlene Sprachen/Transkriptionen:
  1   Englisch

Besonderheiten:
daneben Afrikaans und Dt. verbreitete Verkehrssprachen.

Berge, Gebirge:

Große Karasberge (dt)

Gewässer:

Großer Fischfluss (dt)

Okawango (dt)

Sambesi (dt)

Kaps:

Kap Frio (dt)

Kreuzkap (dt)

Landschaften:

Buschmannland (dt)

Caprivi-Zipfel (dt)

Diamantensperrgebiet (dt)

Etoscha-Nationalpark (dt)

Etoschapfanne (dt)

Fischfluss-Canyon (dt)

Großnamaland (dt)

Khomashochland (dt)

Skelettküste (dt)

Siedlungen:

Walfischbucht (dt), Walvis Bay (End)

Windhuk (dt), Windhoek (End)

Nauru

Amtssprachen: Nauruisch, Englisch

Empfohlene Sprachen/Transkriptionen:
  1   Nauruisch

Nepal

Amtssprachen: Nepali

Empfohlene Sprachen/Transkriptionen:
  1   Nepali/Nepali BGN

Berge, Gebirge:

Mount Everest (dt), Qomolangma (tib End) / Sagarmāthā (nep End)

Neuseeland

Gebiete ohne abweichende Regelungen

Amtssprachen: Maori, Englisch

Empfohlene Sprachen/Transkriptionen:
  1   Englisch

Besonderheiten:
Maori nominelle Amtssprache

Cook-Inseln

Amtssprachen: Englisch, Maori

Empfohlene Sprachen/Transkriptionen:
  1   Englisch

Niue

Amtssprachen: Niue, Englisch

Empfohlene Sprachen/Transkriptionen:
  1   Englisch

Tokelau

Amtssprachen: Tokelau, Englisch

Empfohlene Sprachen/Transkriptionen:
  1   Englisch

Berge, Gebirge:

Neuseeländische Alpen (dt)

Inseln:

Antipodeninseln (dt)

Aucklandinseln (dt)

Bounty-Inseln (dt)

Campbell-Insel (dt)

Cook-Inseln (dt)

Kermadec-Inseln (dt)

Nordinsel (dt)

Stewart-Insel (dt)

Südinsel (dt)

Tokelauinseln (dt)

Kaps:

Nordkap (dt)

Ostkap (dt)

Westkap (dt)

Nicaragua, *siehe* Nikaragua

Niederlande

Gebiete ohne abweichende Regelungen

Amtssprachen: Niederländisch

Empfohlene Sprachen/Transkriptionen:
1   Niederländisch

Besonderheiten:
Nur für wenige Siedlungsnamen gibt es dt. Exonyme.

Aruba (Kleine Antillen)

Amtssprachen: Niederländisch

Empfohlene Sprachen/Transkriptionen:
1   Niederländisch

Friesland

Amtssprachen: Niederländisch, Friesisch

Empfohlene Sprachen/Transkriptionen:
1   Niederländisch
2   Friesisch

Niederländische Antillen

Amtssprachen: Niederländisch

Empfohlene Sprachen/Transkriptionen:
1   Niederländisch

Gewässer:

Vecht (End), Anm.: Oberlauf in Deutschland: Vechte

Inseln:

Niederländische Antillen (dt)

Sankt Martin (dt)

Westfriesische Inseln (dt)

Landschaften:

Nordbrabant (dt)

Nordholland (dt)

Ostflevoland (dt)

Seeland (dt)

Südflevoland (dt)

Südholland (dt)

Siedlungen:

´s-Hertogenbosch (End), [Herzogenbusch] (dt)

Arnheim (dt), Arnhem (End)

Den Haag (End) / ´s-Gravenhage (End)

Nimwegen (dt), Nijmegen (End)

Niger

Amtssprachen: Französisch

Empfohlene Sprachen/Transkriptionen:
1   Französisch

Berge, Gebirge:

Bergland von Aïr (dt)

Gewässer:

Tschadsee (dt)

Nigeria

Amtssprachen: Englisch

Empfohlene Sprachen/Transkriptionen:
1   Englisch

Besonderheiten:
Arbeitssprachen Hausa, Yoruba, Igbo

90

Gewässer:

Tschadsee (dt)

Landschaften:

Sklavenküste (dt)

Nikaragua

Amtssprachen: Spanisch

Empfohlene Sprachen/Transkriptionen:

1 Spanisch

Gewässer:

Nikaraguasee (dt)

Nordkorea

Amtssprachen: Koreanisch

Empfohlene Sprachen/Transkriptionen:

1 Koreanisch/Koreanisch BGN, vereinfacht AKO

Berge, Gebirge:

Nangnimgebirge (dt)

Taebaekgebirge (dt)

Gewässer:

Amnok (End), *Anm.: in China:* Yalu Jiang

Supungstausee (dt)

Kaps:

Kap Changsan (dt)

Kap Musu (dt)

Landschaften:

Korea (dt)

Siedlungen:

Anju (End)

Changyŏn (End)

Ch'ŏngjin (End)

Hamhŭng (End)

Hŭngnam (End)

Kaesŏng (End)

Kimch'aek (End)

Namp'o (End)

P'anmunjŏm (End)

Pjöngjang (dt), P'yŏngyang (End)

Rasŏn (End), *anstatt:* Nasŏn (End)

Sariwŏn (End)

Sinŭiju (End)

Wŏnsan (End)

Norwegen

Gebiete ohne abweichende Regelungen

Amtssprachen: Norwegisch

Empfohlene Sprachen/Transkriptionen:

1 Norwegisch

Besonderheiten:
Norwegisch, in zwei Varianten (Bokmål, Nynorsk); geographische Namen sind jeweils nur in einer Variante, wie durch die kartographische Vorlage vorgegeben, aufzunehmen. – Flussnamen auf *-elv* sowie Fjorde ohne angehängten Artikel *-en* aufzunehmen. – Zu Lofotinseln: Die norwegische Form *Lofoten* ist Singular (= ,der Luchsfuß'), verleitet aber im Dt. zu irrtümlichem Gebrauch als Plural; sie ist daher besser ganz zu vermeiden und durch Lofotinseln zu ersetzen.

Finnmark

Amtssprachen: Norwegisch, Samisch

Empfohlene Sprachen/Transkriptionen:

1 Norwegisch

2 Samisch

Berge, Gebirge:

Skandinavisches Gebirge (dt)

Inseln:

Bäreninsel (dt)

Bouvetinsel (dt)

Lofotinseln (dt)

Spitzbergen (dt)

Kaps:

Nordkap (dt)

Landschaften:

Finnmark (dt)

Halbinsel Varanger (dt)

Hedmark (dt)

Porsangerhalbinsel (dt)

Telemark (dt)

Obervolta, *siehe* Burkina Faso

Oman

Amtssprachen: Arabisch

Empfohlene Sprachen/Transkriptionen:
1 Arabisch/Arabisch AKO

Inseln:

Kuria-Muria-Inseln (dt)

Österreich

Amtssprachen: Deutsch

Empfohlene Sprachen/Transkriptionen:
1 Deutsch

Besonderheiten:
Diejenigen slowenischen, kroatischen und ungarischen Namenformen, die in Kärnten bzw. im Burgenland neben den dt. amtliche Geltung haben, sind zusätzlich nach Schrägstrich aufzunehmen, z.B. *Globasnitz/Globasnica, Parndorf/Pandrof, Oberpullendorf/Felsőpulya.*

Osttimor

Amtssprachen: Portugiesisch, Tetum

Empfohlene Sprachen/Transkriptionen:
1 Tetum

Inseln:

Kleine Sunda-Inseln (dt)

Pakistan

Amtssprachen: Urdu, Englisch

Empfohlene Sprachen/Transkriptionen:
1 Urdu/Hunterian

Berge, Gebirge:

Hindukusch (End)

Suleimangebirge (dt)

Tiritsch Mir (End)

Gewässer:

Indus (dt)

Satledsch (dt), Satluj (End)

Landschaften:

Belutschistan (dt)

Pandschab (dt)

Thar (End), *anstatt:* Wüste Thar

Pässe:

Chaibarpass (dt)

Palästina

Amtssprachen: Arabisch

Empfohlene Sprachen/Transkriptionen:
1 Arabisch/Arabisch AKO

Gewässer:

Jordan (dt), Urdunn (End)

Totes Meer (dt)

Landschaften:

Gasastreifen (dt)

Judäa (dt)

Palästina (dt)

Samaria (dt)

Nicht aufzunehmen: Westbank (dt)

Westjordanland (dt)

Siedlungen:

Bethlehem (dt), Bait Lahm (End)

Gasa (End)

Hebron (dt), Al Chalil (End)

Jericho (dt), Ariha (End)

Jerusalem (dt), Al Kuds (End)

Palau

Amtssprachen: Palauisch, Englisch

Empfohlene Sprachen/Transkriptionen:

1   Palauisch

Inseln:

Palau-Inseln (dt)

Panama

Amtssprachen: Spanisch

Empfohlene Sprachen/Transkriptionen:

1   Spanisch

Gewässer:

Durchstich von Culebra (dt)

Gatúnsee (dt)

Maddensee (dt)

Mirafloressee (dt)

Landschaften:

Kanalzone (dt)

Siedlungen:

Panama (dt), Panamá (End)

Sonstiges:

Gatúnschleusen (dt)

Mirafloresschleusen (dt)

Pedro-Miguel-Schleuse (dt)

Papua-Neuguinea

Amtssprachen: Englisch, Tok Pisin, Hiri Motu

Empfohlene Sprachen/Transkriptionen:

1   Englisch

Berge, Gebirge:

Hagengebirge (dt)

Inseln:

Admiralitätsinseln (dt)

Bismarck-Archipel (dt)

Neubritannien (dt), [Neupommern] (dt)

Neuhannover (dt)

Neuirland (dt), [Neumecklenburg] (dt)

Sankt-Matthias-Gruppe (dt)

Paraguay

Amtssprachen: Spanisch, Guarani

Empfohlene Sprachen/Transkriptionen:

1   Spanisch

Besonderheiten:
Guarani wenig verwendet

Peru

Amtssprachen: Spanisch, Quechua (offiziell anerkannte Nationalitätensprache), Aimará (offiziell anerkannte Nationalitätensprache)

Empfohlene Sprachen/Transkriptionen:

1   Spanisch

Gewässer:

Titicacasee (dt)

Philippinen

Amtssprachen: Pilipino, Englisch

Empfohlene Sprachen/Transkriptionen:

1   Pilipino

Inseln:

Babuyaninseln (dt)

Bataninseln (dt)

Calamianinseln (dt)

Sulu-Inseln (dt)

Siedlungen:

Manila (eng End) / Maynila (pilipino End)

Polen

Amtssprachen: Polnisch

Empfohlene Sprachen/Transkriptionen:

   1   Polnisch

Besonderheiten:
Hinsichtlich der dt. Namenformen ist nach historischen Landesteilen zu unterscheiden, nämlich:
1. Ehemaliges Russisch-Polen und ehemaliges Galizien: Nur wenige dt. Exonyme für bedeutende Siedlungen, zum Teil mit lediglich geringfügigen Unterschieden gegenüber dem polnischen Endonym, z.B. *Warschau, Czenstochau, Lodz.*
2. Ein kleines Gebiet, das bis 1918 zu Österreichisch-Schlesien gehörte (Teschen): Situation wie in Tschechien, siehe dieses.
3. Gebiete, die bis 1918 zum Deutschen Reich (Preußen) und danach zu Polen gehörten: Wegen früherer Bevölkerungszusammensetzung und politischer Zugehörigkeit zahlreiche dt. Namenformen auch für verhältnismäßig unbedeutende Objekte; jedoch sind durch zeitlichen Abstand und geographische Ferne von Österreich viele dieser dt. Namenformen heute in Österreich außer Gebrauch gekommen.
4. Gebiete, die zwischen 1918 und 1945 zum Deutschen Reich oder zu Danzig gehörten: Wie 3., aber wegen größerer zeitlicher Nähe und bis 1945 überwiegend dt. Bevölkerung größere Bekanntheit der dt. Namenformen.

Berge, Gebirge:

Adlergebirge (dt)

Eulengebirge (dt)

Hohe Tatra (dt), *auch:* Tatra (dt)

Isergebirge (dt)

Katzbachgebirge (dt)

Łysogóry (pol End),   *anstatt:* Łysa Góra,   *auch anstatt:* Kielcer Bergland

Polnischer Jura (dt)

Polnisches Mittelgebirge (dt)

Riesengebirge (dt)

Schneekoppe (dt)

Sudeten (dt)

Waldkarpaten (dt)

Gewässer:

Glatzer Neiße (dt), Nysa Kłodzka (End)

Oder (dt), Odra (End)

Warthe (dt), Warta (End)

Weichsel (dt), Wisła (End)

Inseln:

Wollin (dt)

Kaps:

Rixhöft (dt)

Landschaften:

Ermland (dt)

Frische Nehrung (dt)

Galizien (dt)

Großpolen (dt)

Hela (dt)

Hinterpommern (dt)

Kleinpolen (dt)

Masowien (dt)

Masuren (dt)

Masurische Seenplatte (dt)

Oberschlesische Platte (dt)

Ostpreußen (dt)

Pommern (dt)

Pommersche Seenplatte (dt)

Schlesien (dt)

Pässe:

Duklapass (dt)

Łupkówpass (dt)

Siedlungen:

Allenstein (dt), Olsztyn (End)

Auschwitz (dt), Oświęcim (End)

Beuthen (dt), Bytom (End)

Breslau (dt), Wrocław (End)

Bromberg (dt), Bydgoszcz (End)

Chorzów (End), Königshütte (dt, *wahlweise vor- oder nachrangig*)

Czenstochau (dt), Częstochowa (End)

Danzig (dt), Gdańsk (End)

Elbing (dt), Elbląg (End)

Gdingen (dt), Gdynia (End)

Glatz (dt), Kłodzko (End)

Gleiwitz (dt), Gliwice (End)

Głogów (End), Glogau (dt, *wahlweise vor- oder nachrangig*)

Gnesen (dt), Gniezno (End)

Kattowitz (dt), Katowice (End)

Krakau (dt), Kraków (End)

Liegnitz (dt), Lignice (End)

Marienburg (dt), Malbork (End)

Oppeln (dt), Opole (End)

Posen (dt), Poznań (End)

Stettin (dt), Szczecin (End)

Teschen (dt), Cieszyn (End)

Thorn (dt), Toruń (End)

Waldenburg (dt), Wałbrzych (End)

Warschau (dt), Warszawa (End)

Portugal

Amtssprachen: Portugiesisch

Empfohlene Sprachen/Transkriptionen:
  1   Portugiesisch

Gewässer:

Tejo (End), *Anm.: in Spanien:* Tajo

Inseln:

Azoren (dt)

Kaps:

Kap Carvoeiro (dt)

Kap Roca (dt)

Kap São Vicente (dt)

Siedlungen:

Lissabon (dt), Lisboa (End)

Ruanda

Amtssprachen: Rwanda, Französisch

Empfohlene Sprachen/Transkriptionen:
  1   Rwanda

Gewässer:

Kiwusee (dt)

Rumänien

Amtssprachen: Rumänisch

Empfohlene Sprachen/Transkriptionen:
  1   Rumänisch

Besonderheiten:
Dt. Namenformen: a) In „Altrumänien" (Gebiet bis 1918) nur wenige dt. Exonyme für bedeutende Objekte. b) In den Gebieten, die bis 1918 zu Österreich-Ungarn gehörten, wegen des damals starken dt. Bevölkerungsanteils viele dt. Namenformen; aufgrund der historischen Beziehungen zu Österreich sind sie großenteils noch in Gebrauch.
Seit 2001 sind zahlreiche Siedlungen mit Anteilen sprachlicher Minderheiten von mehr als 20% rechtlich mehrsprachig und sollten daher mit allen amtlichen Namen unter Verwendung von Schrägstrichen verzeichnet werden.

Berge, Gebirge:

Banater Bergland (dt)

Bihorgebirge (dt)

Fagarascher Gebirge (dt)

Getische Vorkarpaten (dt)

Ostkarpaten (dt)

Rodnaer Gebirge (dt)

Siebenbürgisches Erzgebirge (dt)

Südkarpaten (dt)

Westsiebenbürgisches Gebirge (dt), Munţii Apuseni (End)

Gewässer:

Alt (dt), Olt (End)

Bistritz (dt), Bistriţa (End)

Donau (dt), Dunărea (End)

Große Kokel (dt), Târnava Mare (End)

Kilijaarm (dt), Braţul Chilia(End)

Kleine Kokel (dt), Târnava Mică (End)

Moldau (dt), Moldova (End)

Mureş (End), [Mieresch] (dt), *anstatt:* Maros

Sankt-Georgs-Arm (dt), Braţul Sfântu Gheorghe (End)

Schil (dt), Jiu (End)

Schnelle Körös (dt), Crişul Repede (End)

Schwarze Körös (dt), Crişul Negru (End)

Sulinaarm (dt), Braţul Sulina (End)

Temes (dt), Timiş (End)

Theiß (dt), Tisa (End)

Weiße Körös (dt), Crişul Alb (End)

Landschaften:

Banat (End)

Bărăgansteppe (dt)

Bukowina (dt)

Burzenland (dt)

Crişana (End), *anstatt:* Kreischgebiet

Dobrudscha (dt)

Donaudelta (dt)

Große Walachei (dt), *auch:* Muntenien (dt)

Kleine Walachei (dt), *auch:* Oltenien (dt)

Maramureş (End), *anstatt:* Marmarosch, *auch anstatt:* Marmaros

Moldau (dt)

Nösnerland (dt)

Sachsenboden (dt), *auch:* Königsboden (dt)

Siebenbürgen (dt), Ardeal (End)

Siebenbürger Heide (dt)

Siebenbürgisches Hochland (dt)

Szeklerland (dt)

Walachisches Tiefland (dt)

Pässe:

Bârgâuer Pass (dt)

Eisernes Tor (dt)

Kazanpass (dt)

Oituzpass (dt)

Porta Orientalis (dt)

Predeal (End), *anstatt:* Predealpass

Rodnaer Pass (dt)

Rotenturmpass (dt)

Siedlungen:

Alba Iulia (End), Karlsburg (dt, *wahlweise vor- oder nachrangig*)

Băile Herculane (End), Herkulesbad (dt, *wahlweise vor- oder nachrangig*)

Bistritz (dt End) / Bistriţa (rum End)

Blaj (End), Blasendorf (dt, *wahlweise vor- oder nachrangig*)

Bukarest (dt), Bucureşti (End)

Cisnădie (End), Heltau (dt, *wahlweise vor- oder nachrangig*)

Großwardein (dt), Oradea (End)

Hermannstadt (dt End) / Sibiu (rum End)

Klausenburg (dt), Cluj-Napoca (End)

Kronstadt (dt), Braşov (End)

Mediaş (End), Mediasch (dt, *wahlweise vor- oder nachrangig*)

Mühlbach (dt End) / Sebeş (rum End)

Rădăuţi (End), Radautz (dt, *wahlweise vor- oder nachrangig*)

Reghin (End), Sächsisch Reen (dt, *wahlweise vor- oder nachrangig*)

Reşiţa (End), Reschitz (dt, *wahlweise vor- oder nachrangig*)

Sathmar (dt), Satu Mare (End)

Schäßburg (dt End) / Sighişoara (rum End)

Târgu Mureş (rum End) / Marosvásárhely (ung End), Neumarkt (dt, *wahlweise vor- oder nachrangig*)

Temeswar (dt), Timişoara (End)

Russland

Gebiete ohne abweichende Regelungen

Amtssprachen: Russisch

Empfohlene Sprachen/Transkriptionen:
  1   Russisch/Kyrillisch AKO

Adygeja

Amtssprachen: Russisch, Adyge-Tscherkessisch

Empfohlene Sprachen/Transkriptionen:
  1   Russisch/Kyrillisch AKO
  2   Adyge-Tscherkessisch/Kyrillisch AKO

Autonomer Bezirk [okrug] der Burjaten von Aginsk

Amtssprachen: Russisch, Burjatisch

Empfohlene Sprachen/Transkriptionen:
  1   Russisch/Kyrillisch AKO
  2   Burjatisch/Kyrillisch AKO

Autonomer Bezirk der Burjaten von Ust-Ordinsk

Amtssprachen: Russisch, Burjatisch

Empfohlene Sprachen/Transkriptionen:
  1   Russisch/Kyrillisch AKO
  2   Burjatisch/Kyrillisch AKO

Autonomer Bezirk der Chanten und Mansen

Amtssprachen: Russisch, Chantisch, Mansisch

Empfohlene Sprachen/Transkriptionen:
  1   Russisch/Kyrillisch AKO
  2   Chantisch/Kyrillisch AKO
  3   Mansisch/Kyrillisch AKO

Autonomer Bezirk der Dolganen und Nenzen von Taimyr

Amtssprachen: Russisch, Dolganisch, Nenzisch

Empfohlene Sprachen/Transkriptionen:
1   Russisch/Kyrillisch AKO
2   Dolganisch/Kyrillisch AKO
3   Nenzisch/Kyrillisch AKO

Autonomer Bezirk der Ewenken

Amtssprachen: Russisch, Ewenkisch

Empfohlene Sprachen/Transkriptionen:
1   Russisch/Kyrillisch AKO
2   Ewenkisch/Kyrillisch AKO

Autonomer Bezirk der Jamal-Nenzen

Amtssprachen: Russisch, Nenzisch

Empfohlene Sprachen/Transkriptionen:
1   Russisch/Kyrillisch AKO
2   Nenzisch/Kyrillisch AKO

Autonomer Bezirk der Komi-Permjaken

Amtssprachen: Russisch, Komi-Permjakisch

Empfohlene Sprachen/Transkriptionen:
1   Russisch/Kyrillisch AKO
2   Komi-Permjakisch/Kyrillisch AKO

Autonomer Bezirk der Korjaken

Amtssprachen: Russisch, Korjakisch

Empfohlene Sprachen/Transkriptionen:
1   Russisch/Kyrillisch AKO
2   Korjakisch/Kyrillisch AKO

Autonomer Bezirk der Nenzen

Amtssprachen: Russisch, Nenzisch

Empfohlene Sprachen/Transkriptionen:
1   Russisch/Kyrillisch AKO
2   Nenzisch/Kyrillisch AKO

Autonomer Bezirk der Tajmyren

Amtssprachen: Russisch, Nenzisch

Empfohlene Sprachen/Transkriptionen:
1   Russisch/Kyrillisch AKO
2   Nenzisch/Kyrillisch AKO

Autonomer Bezirk der Tschuktschen

Amtssprachen: Russisch, Tschuktschisch

Empfohlene Sprachen/Transkriptionen:
1   Russisch/Kyrillisch AKO
2   Tschuktschisch/Kyrillisch AKO

Baschkirien (Baschkortostan)

Amtssprachen: Russisch, Baschkirisch

Empfohlene Sprachen/Transkriptionen:
1   Russisch/Kyrillisch AKO
2   Baschkirisch/Kyrillisch AKO

Burjatien

Amtssprachen: Russisch, Burjatisch

Empfohlene Sprachen/Transkriptionen:
1   Russisch/Kyrillisch AKO
2   Burjatisch/Kyrillisch AKO

Chakassien

Amtssprachen: Russisch, Chakassisch

Empfohlene Sprachen/Transkriptionen:
1   Russisch/Kyrillisch AKO
2   Chakassisch/Kyrillisch AKO

Dagestan

Amtssprachen: Russisch, Awarisch

Empfohlene Sprachen/Transkriptionen:
1   Russisch/Kyrillisch AKO
2   Awarisch/Kyrillisch AKO

Inguschetien

Amtssprachen: Russisch, Inguschetisch

Empfohlene Sprachen/Transkriptionen:
  1   Russisch/Kyrillisch AKO
  2   Inguschetisch/Kyrillisch AKO

Kabardino-Balkarien

Amtssprachen: Russisch, Kabardinisch, Balkarisch

Empfohlene Sprachen/Transkriptionen:
  1   Russisch/Kyrillisch AKO
  2   Kabardinisch/Kyrillisch AKO
  3   Balkarisch/Kyrillisch AKO

Kalmykien

Amtssprachen: Russisch, Kalmykisch

Empfohlene Sprachen/Transkriptionen:
  1   Russisch/Kyrillisch AKO
  2   Kalmykisch/Kyrillisch AKO

Karatschajewo-Tscherkessien

Amtssprachen: Russisch, Karatschaiisch,
          Tscherkessisch, Abasinisch

Empfohlene Sprachen/Transkriptionen:
  1   Russisch/Kyrillisch AKO
  2   Karatschaiisch/Kyrillisch AKO
  3   Tscherkessisch/Kyrillisch AKO
  4   Abasinisch/Kyrillisch AKO

Karelien

Amtssprachen: Russisch, Karelisch

Empfohlene Sprachen/Transkriptionen:
  1   Russisch/Kyrillisch AKO
  2   Karelisch/Kyrillisch AKO

Mordwinien

Amtssprachen: Russisch, Mordwinisch

Empfohlene Sprachen/Transkriptionen:
  1   Russisch/Kyrillisch AKO
  2   Mordwinisch/Kyrillisch AKO

Nordossetien-Alanien

Amtssprachen: Russisch, Ossetisch-Alanisch

Empfohlene Sprachen/Transkriptionen:
  1   Russisch/Kyrillisch AKO
  2   Ossetisch-Alanisch/Kyrillisch AKO

Republik Altai

Amtssprachen: Russisch, Altaisch

Empfohlene Sprachen/Transkriptionen:
  1   Russisch/Kyrillisch AKO
  2   Altaisch/Kyrillisch AKO

Republik Komi

Amtssprachen: Russisch, Komi-Syrjänisch

Empfohlene Sprachen/Transkriptionen:
  1   Russisch/Kyrillisch AKO
  2   Komi-Syrjänisch/Kyrillisch AKO

Republik Marij Él

Amtssprachen: Russisch, Mari

Empfohlene Sprachen/Transkriptionen:
  1   Russisch/Kyrillisch AKO
  2   Mari/Kyrillisch AKO

Republik Sacha (Jakutien)

Amtssprachen: Russisch, Jakutisch

Empfohlene Sprachen/Transkriptionen:
  1   Russisch/Kyrillisch AKO
  2   Jakutisch/Kyrillisch AKO

Republik Tuwa

Amtssprachen: Russisch, Tuwinisch

Empfohlene Sprachen/Transkriptionen:

1   Russisch/Kyrillisch AKO

2   Tuwinisch/Kyrillisch AKO

Tatarstan

Amtssprachen: Russisch, Tatarisch

Empfohlene Sprachen/Transkriptionen:

1   Russisch/Kyrillisch AKO

2   Tatarisch/Kyrillisch AKO

Tschetschenien-Itschkerija

Amtssprachen: Russisch, Tschetschenisch

Empfohlene Sprachen/Transkriptionen:

1   Russisch/Kyrillisch AKO

2   Tschetschenisch/Kyrillisch AKO

Tschuwaschien

Amtssprachen: Russisch, Tschuwaschisch

Empfohlene Sprachen/Transkriptionen:

1   Russisch/Kyrillisch AKO

2   Tschuwaschisch/Kyrillisch AKO

Udmurtien

Amtssprachen: Russisch, Udmurtisch

Empfohlene Sprachen/Transkriptionen:

1   Russisch/Kyrillisch AKO

2   Udmurtisch/Kyrillisch AKO

Besonderheiten:
Auch für Objekte in autonomen Republiken und autonomen Gebieten der Russischen Föderation mit jeweils eigener Amtssprache muss zumeist auf die durch das Russische vermittelten Namenformen zurückgegriffen werden, weil Ermittlung und Umschriftung der Originalformen oft schwierig wäre.

Berge, Gebirge:

Altai (dt)

Baikalgebirge (dt)

Burejagebirge (dt)

Byrrangebirge (dt)

Dschugdschurgebirge (dt)

Jablonowy chrebet (End)

Kljutschewskaja sopka (End)

Kolymagebirge (dt)

Korjakengebirge (dt)

Mittelrussische Höhen (dt), *anstatt:* Mittelrussische Platte, *auch anstatt:* Mittelrussischer Rücken

Mittelsibirisches Bergland (dt)

Mittlerer Ural (dt)

Mus-Chaja (End)

Nördlicher Ural (dt)

Nordrussischer Landrücken (dt)

Nicht aufzunehmen: Ostsibirisches Gebirgsland

Putoranagebirge (dt)

Sajangebirge (dt)

Stanowoi chrebet (End)

Stanowoje nagorje (End)

Südlicher Ural (dt)

Tannuola (End), *anstatt:* Tannugebirge

Telpos-Is (End)

Timanberge (dt)

Tscherskigebirge (dt)

Tschuktschengebirge (dt), *anstatt:* Anadyrgebirge

Waldaihöhen (dt)

Werchojansker Gebirge (dt)

Wolgahöhen (dt), *anstatt:* Wolgaschwelle

Gewässer:

Angara (End), *anstatt:* Obere Tunguska

Angerapp (dt), Angrapa (End)

Baikalsee (dt)

Bratsker Stausee (dt)

Chankasee (dt)

Dnjepr (End)

Donez (End)

Großer Jenissei (dt)

Ilimsker Stausee (dt)

Ilmensee (dt)

Imandrasee (dt)

Irtysch (End)

Jenissei (End)

Kamastausee (dt)

Kaspisches Meer (dt)

Kleiner Jenissei (dt)

Kowdsee (dt)

Kuitoseen (dt)

Ladogasee (dt)

Lekssee (dt)

Memel (dt), Neman (End)

Moskwakanal (dt)

Nischni-Nowgoroder Stausee (dt), *auch:* Stausee von Nischni Nowgorod (dt)

Nördliche Dwina (dt), Sewernaja Dwina (End)

Notsee (dt)

Onegasee (dt)

Östlicher Manytsch (dt), Wostotschnyj Manytsch (End)

Peipussee (dt)

Pjasee (dt)

Pleskauer See (dt)

Pregel (dt), Pregolja (End)

Rybinsker Stausee (dt)

Schwarzer Irtysch (dt)

Segsee (dt)

Stausee von Samara (dt)

Steinige Tunguska (dt)

Taimyrsee (dt)

Tikschsee (dt)

Topsee (dt)

Tulosee (dt)

Umbsee (dt)

Untere Tunguska (dt)

Weißer See (dt), Beloje osero (End)

Weißmeer-Ostsee-Kanal (dt)

Westliche Dwina (dt), Sapadnaja Dwina (End)

Westlicher Manytsch (dt), Sapadnyj Manytsch (End)

Wodlasee (dt)

Wolga-Don-Kanal (dt)

Wolga-Ostsee-Kanal (dt)

Wolgograder Stausee (dt)

Zimljansker Stausee (dt)

Inseln:

Bäreninseln (dt)

Bely (dt)

Beringinsel (dt)

De-Long-Inseln (dt)

Diomedesinseln (dt)

Fadejew (End), *anstatt:* Fadejewinsel

Franz-Josephs-Land (dt)

Georgsland (dt)

Große Begitschewinsel (dt), *anstatt:* Begitschewinsel

Habomaiinseln (dt)

Hogland (dt)

Karagaiinsel (dt)

Kommandeurinseln (dt)

Kurilen (dt)

Ljachowinseln (dt)

Medny (End), [Kupferinsel] (dt)

Neusibirien (dt)

Neusibirische Inseln (dt)

Nordenskjöldarchipel (dt)

Ujedinenije (End), [Einsamkeit] (dt)

Urup (End), *anstatt:* Orup

Uschakowinsel (dt)

Wieseinsel (dt)

Wilczekland (dt)

Wilkizkiinsel (dt)

Wrangelinsel (dt)

Kaps:

Brüsterort (dt)

Kap Deschnew (dt)

Kap Lopatka (dt)

Kap Nawarin (dt)

Kap Oljutorski (dt)

Kap Schelanije (dt)

Kap Tarchankut (dt)

Kap Tscheljuskin (dt)

Landschaften (einschließlich teilsouveräner Territorien):

Aldanplateau (dt)

Barabanniederung (dt)

Baschkirien (dt)

Bergufer (dt)

Burjatien (dt)

Donbass (End)

Donezplateau (dt), *anstatt:* Südrussische Schwelle

Fischerhalbinsel (dt)

Gydahalbinsel (dt)

Halbinsel Taimyr (dt)

Ingermanland (dt)

Inguschien (dt)

Ischimsteppe (dt)

Kalmückien (dt)

Karelien (dt)

Komi (dt)

Kulundaebene (dt)

Kurische Nehrung (dt)

Kusbass (End)

Manytschniederung (dt)

Mari (dt)

Mitteljakutische Niederung (dt)

Mordwinien (dt)

Murmanküste (dt)

Nordossetien (dt)

Nicht aufzunehmen: Nordrussisches Tiefland

Patomhochland (dt)

Sacha (End), *auch:* Jakutien (dt)

Sibirien (dt)

Tatarstan (End)

Tschetschenien (dt)

Tschuktschenhalbinsel (dt)

Tschuwaschien (dt)

Tuwa (End)

Udmurtien (dt)

Westsibirisches Tiefland (dt)

Wiesenufer (dt)

Witimplateau (dt)

Pässe:

Kreuzpass (dt)

Siedlungen:

Insterburg (dt), Tschernjachowsk (End)

Königsberg (dt), Kaliningrad (End)

Moskau (dt), Moskwa (End)

Pskow (End), [Pleskau] (dt)

Rostow am Don (dt), Rostow na Donu (End)

Sankt Petersburg (dt), Sankt Peterburg (End)

Tilsit (dt), Sowetsk (End)

Saint Kitts und Nevis

Amtssprachen: Englisch

Empfohlene Sprachen/Transkriptionen:

1   Englisch

Saint Lucia

Amtssprachen: Englisch

Empfohlene Sprachen/Transkriptionen:

1   Englisch

Saint Vincent und die Grenadinen

Amtssprachen: Englisch

Empfohlene Sprachen/Transkriptionen:

1   Englisch

Salomonen

Amtssprachen: Englisch

Empfohlene Sprachen/Transkriptionen:

1   Englisch

Inseln:

Salomonen (dt)

Santa-Cruz-Inseln (dt)

Sambia

Amtssprachen: Englisch

Empfohlene Sprachen/Transkriptionen:

1   Englisch

Berge, Gebirge:

Muchingagebirge (dt)

Gewässer:

Bangweulusee (dt)

Chavumafälle (dt)

Karibastausee (dt)

Mwerusee (dt)

Ngonyefälle (dt)

Sambesi (dt)

Tanganjikasee (dt)

Victoriafälle (dt)

Landschaften:

Barotseland (dt)

Samoa

Amtssprachen: Englisch, Samoanisch

Empfohlene Sprachen/Transkriptionen:

   1   Samoanisch

Inseln:

Samoainseln (dt)

San Marino

Amtssprachen: Italienisch

Empfohlene Sprachen/Transkriptionen:

   1   Italienisch

São Tomé und Príncipe

Amtssprachen: Portugiesisch

Empfohlene Sprachen/Transkriptionen:

   1   Portugiesisch

Inseln:

Bioko (End), [Fernando Poo] (dt)

Saudi-Arabien

Amtssprachen: Arabisch

Empfohlene Sprachen/Transkriptionen:

   1   Arabisch/Arabisch AKO

Inseln:

Farasaninseln (dt)

Landschaften:

Wüste Dahna (dt)

Wüste Nefud (dt)

Siedlungen:

Medina (dt), Al Madinah (End)

Mekka (dt), Makkah (End)

Riad (dt), Ar Rijad (End)

Sonstiges:

Hedschasbahn (dt)

Schweden

Amtssprachen: Schwedisch

Empfohlene Sprachen/Transkriptionen:

   1   Schwedisch

Besonderheiten:
Flussnamen auf *-älv* ohne angehängten Artikel *-en*. Seen mit dem Endonym nennen, ausgenommen die hier angeführten. Im Norden Schwedens sind bei manchen Siedlungen zusätzlich Saami-Namen amtlich. Sie können nach Schrägstrich angefügt werden.

Berge, Gebirge:

Skandinavisches Gebirge (dt)

Gewässer:

Mälarsee (dt)

Vänersee (dt)

Vättersee (dt)

Landschaften:

Lappland (dt)

Schonen (dt)

Schweiz

Amtssprachen:

Amtssprachen auf Landesebene: Deutsch, Französisch, Italienisch; dazu Rätoromanisch in der Kommunikation mit Bürgern dieser Sprache. In den einzelnen Landesteilen ist die jeweilige regionale Amtssprache allein, in einzelnen Gemeinden gemeinsam mit einer zweiten Amtssprache und in Gebieten mit Sprechern des Rätoromanischen gemeinsam mit diesem amtlich.

Deutschsprachiger Landesteil

Amtssprachen: Deutsch

Empfohlene Sprachen/Transkriptionen:

   1   Deutsch

Französischer Landesteil

Amtssprachen: Französisch

Empfohlene Sprachen/Transkriptionen:

   1   Französisch

Italienischer Landesteil

Amtssprachen: Italienisch

Empfohlene Sprachen/Transkriptionen:

   1   Italienisch

Berge, Gebirge:

Französischer Jura (dt)

Savoyer Alpen (dt)

Gewässer:

Genfer See (dt)

Inn (dt End) / En (rätor End)

Lago Maggiore (End), [Langensee] (dt)

Luganer See (dt)

Neuenburger See (dt)

Rhone, *Anm.: ohne Zirkumflex* (dt End) / Rhône (frz End) / Rotten (dt. End), *Anm.: nur für das deutschsprachige Oberwallis*

Rhone, *Anm.: ohne Zirkumflex* (dt End) / Rhône (frz End), *Anm.: für alle Abschnitte außer dem deutschsprachigen Oberwallis*

Saane (dt End) / Sarine (frz End)

Tessin (dt), Ticino (End)

Landschaften (einschließlich Kantonen):

Bergell (dt)

Genf (dt), *Anm.: Kanton*

Immental (dt)

Misox (dt)

Münstertal (dt)

Neuenburg (dt), *Anm.: Kanton*

Puschlav (dt)

Tessin (dt)

Waadt (dt)

Wallis (dt)

Pässe:

Großer Sankt Bernhard (dt)

Julier (dt), *anstatt:* Julierpass

Lukmanier (dt), *anstatt:* Lukmanierpass

Ofenpass (dt)

San-Jorio-Pass (dt)

Septimer (dt), *anstatt:* Septimerpass

Simplon (dt), *anstatt:* Simplonpass

Splügen (dt), *anstatt:* Splügenpass

Umbrailpass (dt), *auch:* Wormser Joch (dt)

Siedlungen:

Bergün (dt End) / Bravuogn (rätor End)

Biel (dt End) / Bienne (frz End)

Delémont (End), [Delsberg] (dt)

Disentis (dt End) / Mustér (rätor End)

Ems (dt End) / Domat (rätor End)

Freiburg (dt), Fribourg (End)

Genf (dt), Genève (End)

Lenz (dt End) / Lentsch (rätor End)

Martigny (End), [Martinach] (dt)

Martina (End), [Martinsbruck] (dt)

Münster (dt End) / Müstair (rätor End)

Neuenburg (dt), Neuchâtel (End)

Porrentruy (End), [Pruntrut] (dt)

Poschiavo (End), [Puschlav] (dt)

Samaden (dt), Samedan (End)

Schuls (dt), Scuol (End)

Sierre (End), [Siders] (dt)

Sils im Engadin (dt End) / Segl (rätor End)

Sitten (dt), Sion (End)

Yverdon (End), [Iferten] (dt)

Senegal

Amtssprachen: Französisch

Empfohlene Sprachen/Transkriptionen:

   1   Französisch

Kaps:

Kap Verde (dt)

Serbien

Gebiete ohne abweichende Regelungen

Amtssprachen: Serbisch

Empfohlene Sprachen/Transkriptionen:

   1   Serbisch/Serbisch UN

Besonderheiten:
Serbisch mit Kyrillisch als erstrangiger und Lateinisch als zweitrangiger amtlicher Schrift. Die lateinische Schreib-

weise ist zugleich die Transkription für kyrillische Schreibungen.

Zur Schreibung zweiteiliger physisch-geographischer Namen des Serbischen: Das zweite Wort wird klein geschrieben, wenn es der generische Bestandteil ist (d.h., die Objektart angibt), z.B. Fruška gora (gora = ‚Berg‘, ‚Wald‘).

Woiwodina

Amtssprachen: Serbisch, Ungarisch, Rumänisch, Slowakisch, Kroatisch, Rusinisch

Empfohlene Sprachen/Transkriptionen:

1   Serbisch/Serbisch UN

2   Ungarisch

3   Rumänisch

4   Slowakisch

5   Kroatisch

6   Rusinisch

Besonderheiten:
Für viele Orte in der Woiwodina gibt es dt. Exonyme aufgrund früherer Besiedlung und staatlicher Zugehörigkeit. Es wird empfohlen, nach Schrägstrich zum serbischen Namen den Namen in der jeweiligen lokalen Mehrheitssprache auf Gemeindeebene aufzunehmen.

Berge, Gebirge:

Nicht aufzunehmen: Dragomanpass

Nicht aufzunehmen: Serbisches Erzgebirge

Westbalkan (dt)

Gewässer:

Bega-Kanal (dt)

Donau (dt), Dunav (End)

Save (dt), Sava (End)

Südliche Morava (dt), Južna Morava (End)

Temes (dt), Tamiš (End)

Theiß (dt), Tisa (End)

Westliche Morava (dt), Zapadna Morava (End)

Landschaften (einschließlich autonomes Gebiet):

Batschka (dt)

Woiwodina (dt)

Pässe:

Eisernes Tor (dt)

Siedlungen:

Belgrad (dt), Beograd (End)

Novi Sad (End), [Neusatz] (dt)

Seychellen

Amtssprachen: Kreolisch (Seselwa), Englisch, Französisch

Empfohlene Sprachen/Transkriptionen:

1   Kreolisch (Seselwa)

Inseln:

Amiranten (dt)

Cosmoledoinseln (dt)

Seychellen (dt)

Sierra Leone

Amtssprachen: Englisch

Empfohlene Sprachen/Transkriptionen:

1   Englisch

Simbabwe

Amtssprachen: Englisch

Empfohlene Sprachen/Transkriptionen:

1   Englisch

Gewässer:

Karibastausee (dt)

Sambesi (dt)

Victoriafälle (dt)

Landschaften:

Maschonaland (dt)

Matabeleland (dt)

Siedlungen:

Harare (End), [Salisbury] (dt)

Singapur

Amtssprachen: Englisch, Chinesisch, Malaiisch, Tamilisch

Empfohlene Sprachen/Transkriptionen:

1   Englisch

Siedlungen:

Singapur (dt), Singapore (End)

Slowakei

Amtssprachen: Slowakisch

Empfohlene Sprachen/Transkriptionen:

1   Slowakisch

Besonderheiten:
In großen Teilen des Landes gibt es infolge ehemaliger dt. Besiedlung, zum Teil auch aufgrund der geographischen Nähe und der historischen Verbindung mit Österreich geographische Objekte mit dt. Namenformen, von denen einige noch in Gebrauch stehen.
Im kompakten ungarischen Siedlungsgebiet im Süden des Landes sind auch die ungarischen Namen amtlich. Es empfiehlt sich, sie nach Schrägstrich aufzunehmen.

Berge, Gebirge:

Beskiden (dt)

Gerlsdorfer Spitze (dt)

Große Fatra (dt)

Hohe Tatra (dt), *auch:* Tatra (dt)

Inovecgebirge (dt)

Kleine Fatra (dt)

Kleine Karpaten (dt)

Niedere Tatra (dt)

Slowakisches Erzgebirge (dt)

Thebener Kogel (dt)

Waldkarpaten (dt)

Weiße Karpaten (dt)

Zempliner Gebirge (dt)

Gewässer:

Donau (dt), Dunaj (End)

Eipel (dt), Ipoľ (End)

Gran (dt), Hron (End)

Kleine Donau (dt), Malý Dunaj (End)

March (dt), Morava (End)

Neutra (dt), Nitra (End)

Theiß (dt), Tisa (End)

Waag (dt), Váh (End)

Landschaften:

Große Schütt (dt)

Liptau (dt)

Zips (dt)

Pässe:

Duklapass (dt)

Jablunkapass (dt)

Łupkówpass (dt)

Vlárapass (dt)

Siedlungen:

Banská Štiavnica (End), Schemnitz (dt, *wahlweise vor- oder nachrangig*)

Bardejov (End), Bartfeld (dt, *wahlweise vor- oder nachrangig*)

Bratislava (End), Pressburg (dt, *wahlweise vor- oder nachrangig*)

Čunovo (End), Sahrndorf (dt, *wahlweise vor- oder nachrangig*)

Devín (End), Theben (dt, *wahlweise vor- oder nachrangig*)

Jarovce (End), Kroatisch Jahrndorf (dt, *wahlweise vor- oder nachrangig*)

Kaschau (dt), Košice (End)

Käsmark (dt), Kežmarok (End)

Komorn (dt), Komárno (slow End) / Komárom (ung End)

Kremnica (End), Kremnitz (dt, *wahlweise vor- oder nachrangig*)

Levoča (End), Leutschau (dt, *wahlweise vor- oder nachrangig*)

Neutra (dt), Nitra (End)

Pezinok (End), Bösing (dt, *wahlweise vor- oder nachrangig*)

Piešťany (End), Pistyan (dt, *wahlweise vor- oder nachrangig*)

Rusovce (End), Karlburg (dt, *wahlweise vor- oder nachrangig*)

Štupava (End), Stampfen (dt, *wahlweise vor- oder nachrangig*)

Tyrnau (dt), Trnava (End)

Veľke Levare (End), Großschützen (dt, *wahlweise vor- oder nachrangig*)

Záhorska Ves (End), Ungeraiden (dt, *wahlweise vor- oder nachrangig*)

Žilina (End), Sillein (dt, *wahlweise vor- oder nachrangig*)

Zvolen (End), Altsohl (dt, *wahlweise vor- oder nachrangig*)

Slowenien

Amtssprachen: Slowenisch

Empfohlene Sprachen/Transkriptionen:
   1   Slowenisch

Besonderheiten:
Wegen enger historischer Beziehungen des größten Teiles von Slowenien zu Österreich gibt es dt. Namen für geographische Objekte selbst kleinerer Ordnung. Viele von ihnen sind zumindest im südlichen Österreich noch lebendig.
Im italienischen und ungarischen Siedlungsgebiet sind Minderheitennamen amtlich. Es empfiehlt sich, sie nach Schrägstrich aufzunehmen.

Berge, Gebirge:

Bacher (dt)

Hornwald (dt)

Julische Alpen (dt)

Nicht aufzunehmen: Julische Voralpen

Karawanken (dt)

Karst (dt)

Krainer Schneeberg (dt)

Matzelgebirge (dt)

Possruck (dt)

Steiner Alpen (dt)

Ternovaner Wald (dt)

Uskokengebirge (dt)

Nicht aufzunehmen: Weitensteiner Zug

Windische Bühel (dt)

Gewässer:

Drau (dt), Drava (End)

Isonzo (dt), Soča (End)

Mur (dt), Mura (End)

Sann (dt), Savinja (End)

Save (dt), Sava (End)

Veldeser See (dt), Blejsko jezero (End)

Wocheiner Save (dt), Bohinjska Sava (End)

Wocheiner See (dt), Bohinjsko jezero (End)

Wurzener Save (dt), Sava Dolinka (End)

Landschaften:

Abstaller Feld (dt)

Gottschee (dt)

Innerkrain (dt)

Istrien (dt)

Koroško (End), *anstatt:* Kärnten

Krain (dt)

Miestal (dt)

Oberkrain (dt)

Pettauer Feld (dt)

Štajersko (End), *anstatt:* Untersteiermark *oder* Untersteier

Übermurgebiet (dt), *anstatt:* Prekmurje

Unterkrain (dt)

Wochein (dt)

Pässe:

Adelsberger Pforte (dt)

Loibl (dt), *anstatt:* Loiblpass

Predil (dt)

Seeberg (dt), *anstatt:* Seebergsattel

Weißenfelser Sattel (dt)

Wurzen (dt), *anstatt:* Wurzenpass

Siedlungen:

Bled (End), Veldes (dt, *wahlweise vor- oder nachrangig*)

Bovec (End), Flitsch (dt, *wahlweise vor- oder nachrangig*)

Cilli (dt), Celje (End)

Dravograd (End), Unterdrauburg (dt, *wahlweise vor- oder nachrangig*)

Gottschee (dt), Kočevje (End)

Jesenice (End), Assling (dt, *wahlweise vor- oder nachrangig*)

Jezersko (End), Seeland (dt, *wahlweise vor- oder nachrangig*)

Kamnik (End), Stein (dt, *wahlweise vor- oder nachrangig*)

Kobarid (End), Karfreit (dt, *wahlweise vor- oder nachrangig*)

Krainburg (dt), Kranj (End)

Laibach (dt), Ljubljana (End)

Marburg (dt), Maribor (End)

Pettau (dt), Ptuj (End)

Podkoren (End), Wurzen (dt, *wahlweise vor- oder nachrangig*)

Postojna (End), Adelsberg (dt, *wahlweise vor- oder nachrangig*)

Ravne na Koroškem (End), Gutenstein (dt, *wahlweise vor- oder nachrangig*)

Škofja Loka (End), Bischoflack (dt, *wahlweise vor- oder nachrangig*)

Slovenj Gradec (End), Windischgrätz (dt, *wahlweise vor- oder nachrangig*)

Slovenska Bistrica (End), Windischfeistritz (dt, *wahlweise vor- oder nachrangig*)

Tolmin (End), Tolmein (dt, *wahlweise vor- oder nachrangig*)

Sonstiges:

Adelsberger Grotte (dt)

Somalia

Amtssprachen: Somalisch

Empfohlene Sprachen/Transkriptionen:

1   Somalisch

Kaps:

Kap Guardafui (dt)

Landschaften:

Horn von Afrika (dt)

Somaliland *(ehem brit Nordteil)* (dt)

Siedlungen:

Mogadischu (dt), Muqdisho (End)

Spanien

Gebiete ohne abweichende Regelungen

Amtssprachen: Spanisch

Empfohlene Sprachen/Transkriptionen:

1   Spanisch

Besonderheiten:
Spanisch wird auch als Kastilisch oder Kastillianisch bezeichnet, um es gegenüber den anderen Sprachen Spaniens abzugrenzen.

Balearen

Amtssprachen: Spanisch, Katalanisch

Empfohlene Sprachen/Transkriptionen:

1   Katalanisch

Besonderheiten:
Trotz zweier Amtssprachen sind nur katalanische Namen amtlich.

Baskenland

Amtssprachen: Spanisch, Baskisch

Empfohlene Sprachen/Transkriptionen:

1   Spanisch

2   Baskisch

Galicien

Amtssprachen: Spanisch, Galicisch

Empfohlene Sprachen/Transkriptionen:

1   Galicisch

Besonderheiten:
Trotz zweier Amtssprachen sind nur galicische Namen amtlich.

Katalonien

Amtssprachen: Spanisch, Katalanisch

Empfohlene Sprachen/Transkriptionen:

1   Katalanisch

Besonderheiten:
Trotz zweier Amtssprachen sind nur katalanische Namen amtlich.

Valencia

Amtssprachen: Spanisch, Valencianisch

Empfohlene Sprachen/Transkriptionen:

1   Spanisch

2   Valencianisch

Berge, Gebirge:

Andalusisches Gebirgsland (dt), *anstatt:* Betische Kordillere

Iberisches Gebirge (dt)

Kantabrisches Gebirge (dt)

Kastilisches Scheidegebirge (dt)

Pyrenäen (dt)

Inseln:

Balearen (dt)

Kanarische Inseln (dt)

Pityusen (dt)

Kaps:

Kap Creus (dt)

Kap Finisterre (dt)

Kap Formentor (dt)

Kap Gata (dt)

Kap Nao (dt)

Kap Ortegal (dt)

Kap Palos (dt)

Kap Peñas (dt)

Kap Trafalgar (dt)

Landschaften:

Altkastilien (dt)

Andalusien (dt)

Aragonien (dt)

Asturien (dt)

Baskenland (dt)

Ebrobecken (dt)

Galicien (dt)

Guadalquivirbecken (dt)

Katalonien (dt)

Leon (dt)

Neukastilien (dt)

Sri Lanka

Amtssprachen: Singhalesisch, Tamilisch

Empfohlene Sprachen/Transkriptionen:

1   Singhalesisch/Singhalesisch BGN

2   Tamilisch/Tamilisch BGN

Besonderheiten:
Im Norden und Osten des Landes gilt Tamilisch als Quellensprache, sonst das Singhalesische.

Inseln:

Adamsbrücke (dt)

Sri Lanka (End), [Ceylon] (dt)

Kaps:

Kap Dondra (dt)

Siedlungen:

Colombo (sing End) / Kolamba (tam End)

Jaffna (sing End) / Japanaja (tam End)

Kandy (sing End) / Mahanuwara (tam End)

Südafrika

Amtssprachen: Englisch (externe Amtssprache),
Afrikaans (interne Amtssprache),
Ndebele (interne Amtssprache),

Nördliches Sotho (interne Amtssprache),
Südliches Sotho (interne Amtssprache),
Tswana (interne Amtssprache),
Swasi (interne Amtssprache),
Tsonga (interne Amtssprache),
Venda (interne Amtssprache),
Xhosa (interne Amtssprache),
Zulu (interne Amtssprache)

Empfohlene Sprachen/Transkriptionen:

1   Afrikaans

2   Ndebele

3   Nördliches Sotho

4   Südliches Sotho

5   Tswana

6   Swasi

7   Tsonga

8   Venda

9   Xhosa

10   Zulu

Besonderheiten:
Als Quellsprache von Endonymen gilt die jeweilige regionale Amtssprache. Es wird empfohlen, Endonyme nur in dieser und nicht in allen landesweiten Amtssprachen anzugeben.

Berge, Gebirge:

Waterberge (dt)

Inseln:

Prinz-Eduard-Inseln (dt)

Kaps:

Kap der guten Hoffnung (dt)

Nadelkap (dt), [Kap Agulhas] (dt)

Landschaften:

Buschmannland (dt)

Große Karru (dt)

Kapland (dt)

Krüger-Nationalpark (dt)

Oranjefreistaat (dt)

Ostgriqualand (dt)

Transvaal (End)

Westgriqualand (dt)

Siedlungen:

Kapstadt (dt), Cape Town (eng End) / Kaapstad (afr End)

Pretoria (dt), Tshwane (End)

Sudan

Amtssprachen: Arabisch

Empfohlene Sprachen/Transkriptionen:

1 Arabisch/Arabisch AKO

Gewässer:

2. Katarakt (dt)

3. Katarakt (dt)

4. Katarakt (dt)

5. Katarakt (dt)

6. Katarakt (dt)

Blauer Nil (dt), Nil al Asrak (End)

Nilstausee (dt), [Nassersee] (dt)

Weißer Nil (dt), Nil al Abjad (End)

Landschaften:

Kordofan (dt)

Libysche Wüste (dt)

Nilbecken (dt)

Nubische Wüste (dt)

Siedlungen:

Khartum (dt), Al Chartum (End)

Omdurman (dt), Umm Durman (End)

Port Sudan (dt), Bur Sudan (End)

Südkorea

Amtssprachen: Koreanisch

Empfohlene Sprachen/Transkriptionen:

1 Koreanisch/Koreanisch BGN, vereinfacht AKO

Berge, Gebirge:

Sobaekgebirge (dt)

Taebaekgebirge (dt)

Gewässer:

Naktong (End)

Inseln:

Cheju Do (End), [Quelpart] (dt)

Korea-Archipel (dt)

Ullŭng Do (End)

Landschaften:

Korea (dt)

Siedlungen:

Chŏnju (End)

Ch'unch'ŏn (End)

Ch'ungju (End)

Inch'ŏn (End)

Kimch'ŏn (End)

Kunsan (End)

Kwangju (End)

Mokp'o (End)

P'anmunjŏm (End)

P'ohang (End)

Pusan (End)

Samch'ŏk (End)

Seoul (dt), Sŏul (End)

Suwŏn (End)

Taegu (End)

Taejŏn (End)

Ulchin (End)

Wŏnju (End)

Yŏsu (End)

Südsudan

Amtssprachen: Englisch

Empfohlene Sprachen/Transkriptionen:

1 Englisch

Besonderheiten:
Laut Übergangsverfassung werden die anderen autochthonen Sprachen als Nationalsprachen bezeichnet.

Gewässer:

Weißer Nil (dt)

Landschaften:

Asandeschwelle (dt)

Nilbecken (dt)

Siedlungen:

Faschoda (dt), Kodok (End)

Suriname

Amtssprachen: Niederländisch

Empfohlene Sprachen/Transkriptionen:

1 Niederländisch

Swasiland

Amtssprachen: Swasi, Englisch

Empfohlene Sprachen/Transkriptionen:
1   Swasi

Syrien

Amtssprachen: Arabisch

Empfohlene Sprachen/Transkriptionen:
1   Arabisch/Arabisch AKO

Berge, Gebirge:

Antilibanon (dt)

Golan (dt)

Hermon (dt)

Libanon (dt)

Gewässer:

Euphrat (dt)

Orontes (dt), Asi (End)

See Genezareth (dt), *auch:* See Gennesaret (dt)

Tigris (dt)

Landschaften:

Mesopotamien (dt)

Siedlungen:

Damaskus (dt), Dimaschk (End)

Haleb (End), [Aleppo] (dt)

Latakia (dt), Al Ladhikija (End)

Sonstiges:

Hedschasbahn (dt)

Palmyra (dt)

Tadschikistan

Amtssprachen: Tadschikisch

Empfohlene Sprachen/Transkriptionen:
1   Tadschikisch/Kyrillisch AKO

Berge, Gebirge:

Pik Kommunismus (dt), Kullai Ismaili Somoni (End)

Transaltai (dt)

Gewässer:

Amu-Darja (End)

Syr-Darja (End)

Taiwan

Amtssprachen: Chinesisch

Empfohlene Sprachen/Transkriptionen:
1   Chinesisch/Hanyu-Pinyin

Inseln:

Matsuinseln (dt)

Penghuinseln (dt), [Pescadores] (dt)

Taiwan (End), [Formosa] (dt)

Siedlungen:

Chi Lung (End)

Kaohsiung (End)

Tai Chung (End)

Tai Nan (End)

Taipei (End), *anstatt:* Taipeh

Tansania

Amtssprachen: Suaheli, Englisch

Empfohlene Sprachen/Transkriptionen:
1   Suaheli

Berge, Gebirge:

Kilimandscharo (dt)

Gewässer:

Malawisee (dt), [Njassasee] (dt)

Natronsee (dt)

Tanganjikasee (dt)

Victoriasee (dt)

Inseln:

Sansibar (dt)

Landschaften:

Serengeti-Nationalpark (dt)

Thailand

Amtssprachen: Thai

Empfohlene Sprachen/Transkriptionen:

1   Thai/Thai BGN=UN

Gewässer:

Menam (dt), Chao Phraya (End)

Salwin (dt)

Landschaften:

Isthmus von Kra (dt)

Siedlungen:

Bangkok (dt), Krung Thep (End)

Togo

Amtssprachen: Französisch, Kabyé, Ewé

Empfohlene Sprachen/Transkriptionen:

1   Französisch

Besonderheiten:
Kabyé und Ewé nur regionale Verbreitung

Siedlungen:

Lome (dt), Lomé (End)

Tonga

Amtssprachen: Tonga, Englisch

Empfohlene Sprachen/Transkriptionen:

1   Tonga

Inseln:

Tongainseln (dt)

Trinidad und Tobago

Amtssprachen: Englisch

Empfohlene Sprachen/Transkriptionen:

1   Englisch

Tschad

Amtssprachen: Französisch, Arabisch

Empfohlene Sprachen/Transkriptionen:

1   Französisch

Berge, Gebirge:

Bergland von Tibesti (dt)

Gewässer:

Schari (dt)

Tschadsee (dt)

Landschaften:

Aozou-Streifen (dt)

Tschechien

Amtssprachen: Tschechisch

Empfohlene Sprachen/Transkriptionen:

1   Tschechisch

Besonderheiten:
Der verhältnismäßig dichte Bestand an dt. Namen erklärt sich aus früherer politischer Verbindung mit Österreich, ehemals (bis 1945) dt. Besiedlung großer Landesteile sowie familiären und kulturellen Beziehungen zu Österreich.

Berge, Gebirge:

Adlergebirge (dt)

Altvater (dt)

Beskiden (dt)

Böhmerwald (dt)

Böhmisches Mittelgebirge (dt)

Böhmisch-Mährische Höhe (dt)

Brdy (End), *anstatt:* Brdywald

Elbsandsteingebirge (dt)

Erzgebirge (dt)

Eulengebirge (dt)

Gesenke (dt)

Isergebirge (dt)

Keilberg (dt)

Lausitzer Gebirge (dt)

Marsgebirge (dt)

Oberpfälzer Wald (dt)

Odergebirge (dt)

Pollauer Berge (dt)

Riesengebirge (dt)

Schneekoppe (dt)

Steinitzer Wald (dt)

Sudeten (dt)

Weiße Karpaten (dt)

Gewässer:

Adler (dt), Orlice (End)

Eger (dt), Ohře (End)

Elbe (dt), Labe (End)

Iser (dt), Jizera (End)

Kalte Moldau (dt), Studená Vltava (End)

Luschnitz (dt), Lužnice (End), *Anm.: Oberlauf in Österreich:* Lainsitz

Mährische Thaya (dt), Moravska Dyje (End)

March (dt), Morava (End)

Mies (dt), Mže (End)

Moldau (dt), Vltava (End)

Oder (dt), Odra (End)

Stille Adler (dt), Tichá Orlice (End)

Thaya (dt), Dyje (End)

Warme Moldau (dt), Teplá Vltava (End)

Wilde Adler (dt), Divoká Orlice (End)

Landschaften:

Böhmen (dt)

Egerland (dt)

Hanna (dt)

Hultschiner Ländchen (dt)

Mähren (dt)

Schlesien (dt)

Tepler Hochland (dt)

Pässe:

Jablunkapass (dt)

Mährische Pforte (dt)

Vlárapass (dt)

Siedlungen:

Aš (End), Asch (dt, *wahlweise vor- oder nachrangig*)

Aussig (dt), Ústí nad Labem (End)

Brünn (dt), Brno (End)

Budweis (dt), České Budějovice (End)

Chomutov (End), Komotau (dt, *wahlweise vor- oder nachrangig*)

Děčín (End), Tetschen (dt, *wahlweise vor- oder nachrangig*)

Domažlice (End), Taus (dt, *wahlweise vor- oder nachrangig*)

Duchcov (End), Dux (dt, *wahlweise vor- oder nachrangig*)

Dvůr Králové (End), Königinhof (dt, *wahlweise vor- oder nachrangig*)

Eger (dt), Cheb (End)

Franzensbad (dt), Františkovy Lázně (End)

Gablonz (dt), Jablonec (End)

Hodonín (End), Göding (dt, *wahlweise vor- oder nachrangig*)

Iglau (dt), Jihlava (End)

Karlsbad (dt), Karlovy Vary (End)

Klatovy (End), Klattau (dt, *wahlweise vor- oder nachrangig*)

Königgrätz (dt), Hradec Králové (End)

Kremsier (dt), Kroměříž (End)

Krnov (End), Jägerndorf (dt, *wahlweise vor- oder nachrangig*)

Krumau (dt), Český Krumlov (End)

Kutná Hora (End), Kuttenberg (dt, *wahlweise vor- oder nachrangig*)

Leitmeritz (dt), Litoměřice (End)

Lundenburg (dt), Břeclav (End)

Marienbad (dt), Mariánské Lázně (End)

Most (End), Brüx (dt, *wahlweise vor- oder nachrangig*)

Neuhaus (dt), Jindřichův Hradec (End)

Nikolsburg (dt), Mikulov (End)

Nové Hrady (End), Gratzen (dt, *wahlweise vor- oder nachrangig*)

Olmütz (dt), Olomouc (End)

Ostrau (dt), Ostrava (End)

Pilsen (dt), Plzeň (End)

Prag (dt), Praha (End)

Prostějov (End), Prossnitz (dt, *wahlweise vor- oder nachrangig*)

Reichenberg (dt), Liberec (End)

Slavkov (End), Austerlitz (dt, *wahlweise vor- oder nachrangig*)

Sokolov (End), Falkenau (dt, *wahlweise vor- oder nachrangig*)

Sušice (End), Schüttenhofen (dt, *wahlweise vor- oder nachrangig*)

Teplitz (dt), Teplice (End)

Theresienstadt (dt), Terezín (End)

Troppau (dt), Opava (End)

Trutnov (End), Trautenau (dt, *wahlweise vor- oder nachrangig*)

Wittingau (dt), Třeboň (End)

Žatec (End), Saaz (dt, *wahlweise vor- oder nachrangig*)

Zlabings (dt), Slavonice (End)

Znaim (dt), Znojmo (End)

Tunesien

Amtssprachen: Arabisch

Empfohlene Sprachen/Transkriptionen:

    1   Arabisch/Arabisch AKO

Berge, Gebirge:

Demergebirge (dt)

Thessagebirge (dt)

Kaps:

Kap Blanco (dt)

Landschaften:

Großer Östlicher Erg (dt)

Siedlungen:

Biserta (dt), Binzart (End), [Bizerte] (dt)

Sonstiges:

Karthago (dt)

Türkei

Amtssprachen: Türkisch

Empfohlene Sprachen/Transkriptionen:

    1   Türkisch

Besonderheiten:
Kleinbuchstabe zu I ist ı; Großbuchstabe zu i ist İ.

Berge, Gebirge:

Ararat (dt)

Demircigebirge (dt)

Istrandschagebirge (dt)

Pontisches Gebirge (dt)

Taurus (dt)

Gewässer:

Apolyontsee (dt)

Arax (dt)

Beyşehirsee (dt)

Bosporus (dt)

Büyük Menderes (End), [Mäander] (dt)

Dardanellen (dt)

Eğridirsee (dt)

Euphrat (dt), Fırat (End), *anstatt:* Westlicher Euphrat

Gediz (End), [Hermos] (dt)

Izniksee (dt)

Manyasee (dt)

Maritza (dt), Meriç (End)

Murat (End), *anstatt:* Östlicher Euphrat

Orontes (dt), Asi (End)

Tigris (dt), Dicle (End)

Vansee (dt)

Inseln:

Ägäische Inseln (dt)

Imbros (dt)

Marmara-Insel (dt)

Prinzeninseln (dt)

Kaps:

Kap Baba (dt)

Landschaften:

Anatolien (dt)

Halbinsel Gallipoli (dt)

Halbinsel Kapıdağ (dt)

Hochland von Armenien (dt)

Kleinasien (dt)

Ostthrakien (dt)

Siedlungen:

Edirne (End), [Adrianopel] (dt)

Gelibolu (End), [Gallipoli] (dt)

İskenderun (End), [Alexandrette] (dt)

Istanbul (dt), İstanbul (End), [Konstantinopel] (dt), [Byzanz] (dt)

İzmir (End), [Smyrna] (dt)

Trabzon (End), [Trapezunt] (dt)

Üsküdar (End), [Skutari] (dt)

Sonstiges:

Bagdadbahn (dt)

Ephesos (dt)

Hattusa (dt)

Milet (dt)

Pergamon (dt)

Tarsos (dt)

Troja (dt)

Turkmenistan

Amtssprachen: Turkmenisch

Empfohlene Sprachen/Transkriptionen:
1 Turkmenisch/Lateinschriftig

Gewässer:

Amu-Darja (End)

Kara-Bogas-Bucht (dt)

Kara-Kum-Kanal (dt)

Kaspisches Meer (dt)

Tuvalu

Amtssprachen: Tuvalu, Englisch

Empfohlene Sprachen/Transkriptionen:
1 Tuvalu

Uganda

Amtssprachen: Englisch

Empfohlene Sprachen/Transkriptionen:
1 Englisch

Berge, Gebirge:

Mitumbakette (dt)

Gewässer:

Albertsee (dt)

Eduardsee (dt)

Victoriasee (dt)

Ukraine

Gebiete ohne abweichende Regelungen

Amtssprachen: Ukrainisch

Empfohlene Sprachen/Transkriptionen:
1 Ukrainisch/Kyrillisch AKO

Autonome Republik Krim

Amtssprachen: Ukrainisch, Russisch, Krimtatarisch

Empfohlene Sprachen/Transkriptionen:
1 Ukrainisch/Kyrillisch AKO
2 Russisch/Kyrillisch AKO

Berge, Gebirge:

Krimgebirge (dt), *anstatt:* Jailagebirge

Mittelrussische Höhen (dt), *anstatt:* Mittelrussische Platte, *auch anstatt:* Mittelrussischer Rücken

Ostkarpaten (dt)

Waldkarpaten (dt)

Gewässer:

Dnjepr (dt), Dnipro (End)

Dnjestr (dt), Dnister (End)

Donau (dt), Dunai (End)

Donez (dt), Dinez (End)

Kiewer Stausee (dt)

Kilijaarm (dt), Kilijske girlo (End)

Krementschuker Stausee (dt)

Pripjet (dt), Prypjat (End)

Stausee von Kachiwka (dt)

Südlicher Bug (dt), Piwdennyj Buh (End)

Theiss (dt), Tyssa (End)

Inseln:

Schlangeninsel (dt)

Landschaften:

Bessarabien (dt)

Bukowina (dt)

Dnjeprschwelle (dt), *anstatt:* Südrussische Schwelle

Donbass (dt), Donbas (End)

Galizien (dt)

Krim (dt)

Podolien (dt)

Podolische Platte (dt)

Pripjetsümpfe (dt)

Transkarpatien (dt), [Subkarpatien] (dt), *anstatt:* Karpato-Ukraine

Wolhynien (dt)

Pässe:

Jablonizapass (dt), [Tatarenpass] (dt)

Uschoker Pass (dt)

Werezkipass (dt), [Magyarenweg] (dt)

Siedlungen:

Czernowitz (dt), Tscherniwzy (End)

Kiew (dt), Kyjiw (End)

Lemberg (dt), Lwiw (End)

Ungarn

Amtssprachen: Ungarisch

Empfohlene Sprachen/Transkriptionen:

1   Ungarisch

Besonderheiten:
In westungarischen, vor allem grenznahen Gebieten haben viele Objekte auch dt. Namen, die in der ostösterreichischen Nachbarschaft noch lebendig sind. Übrigens ist in Ungarn für Ortstafeln von Siedlungen mit höherem Anteil an dt. Einwohnern der dt. Ortsname amtlich festgelegt. Außerhalb der genannten Gebiete gibt es noch einige dt. Namen für historisch wichtige Städte Ungarns.

Berge, Gebirge:

Bükkgebirge (dt)

Cserhát (End), *anstatt:* Cserhátgebirge

Eisenburger Höhenrücken (dt), *anstatt:* Vasi-hegyhát

Mátra (End), *Anm.: a mit Akut*

Mecsekgebirge (dt)

Nicht aufzunehmen: Neograder Gebirge

Ofner Gebirge (dt), *auch:* Ofner Berge (dt)

Somogyer Hügelland (dt)

Ungarisches Mittelgebirge (dt)

Zalaer Hügelland (dt)

Zempliner Gebirge (dt)

Gewässer:

Donau (dt), Duna (End)

Drau (dt), Dráva (End)

Eipel (dt), Ipoly (End)

Güns (dt), Gyöngyös (End)

Kleine Donau (dt), Mosoni-Duna (End)

Lafnitz (dt), Lapincs (End)

Leitha (dt), Lajta (End)

Mur (dt), Mura (End)

Plattensee (dt), Balaton (End)

Raab (dt), Rába (End)

Rabnitz (dt), Rábca (End), *Anm.: im Mittellauf, Oberlauf:* Répce (End)

Schnelle Körös (dt), Sebes Körös (End)

Schwarze Körös (dt), Fekete Körös (End)

Theiß (dt), Tisza (End)

Weiße Körös (dt), Fehér Körös (End)

Landschaften:

Batschka (dt), Bácska (End)

Kleines Ungarisches Tiefland (dt), Kisalföld (End)

Waasen (dt), Hanság (End)

Siedlungen:

Agendorf (dt End) / Ágfalva (ung End)

Brennberg (dt End) / Brennbergbánya (ung End)

Erlau (dt), Eger (End)

Fünfkirchen (dt), Pécs (End)

Gran (dt), Esztergom (End)

Güns (dt End), Kőszeg (End)

Holling (dt End) / Fertőboz (ung End)

Kroisbach (dt End) / Fertőrákos (ung End)

Ödenburg (dt End) / Sopron (ung End)

Pernau (dt End) / Pornóapáti (ung End)

Raab (dt End) / Győr (ung End)

Ragendorf (dt End) / Rajka (ung End)

Steinamanger (dt), Szombathely (End)

Straßsommerein (dt End) / Hegyeshalom (ung End)

Stuhlweißenburg (dt), Székesfehérvár (End)

Ungarisch-Altenburg (dt End) / Magyaróvár (ung End), *Anm.: Teil von* Mosonmagyaróvár

Vác (End), [Waitzen] (dt)

Wieselburg (dt End) / Moson (ung End), *Anm.: Teil von* Mosonmagyaróvár

Wieselburg–Ungarisch-Altenburg (dt End) / Mosonmagyaróvár (ung End)

Wolfs (dt End) / Balf (ung End)

Uruguay

Amtssprachen: Spanisch

Empfohlene Sprachen/Transkriptionen:

1   Spanisch

Usbekistan

Amtssprachen: Usbekisch

Empfohlene Sprachen/Transkriptionen:

1   Usbekisch/Lateinschriftig

Berge, Gebirge:

Ustjurtplateau (dt)

Gewässer:

Amu-Darja (End)

Aralsee (dt)

Syr-Darja (End)

Landschaften:

Karakalpakien (dt)

Ustjurtplateau (dt)

Siedlungen:

Buchara (dt), Buxoro (End)

Chiwa (dt), Xiva (End)

Taschkent (dt), Toshkent (End)

Vanuatu

Amtssprachen: Bislama, Englisch, Französisch

Empfohlene Sprachen/Transkriptionen:

1   Bislama

Inseln:

Neue Hebriden (dt)

Vatikan

Amtssprachen: Lateinisch, Italienisch

Empfohlene Sprachen/Transkriptionen:

1   Italienisch

Venezuela

Amtssprachen: Spanisch

Empfohlene Sprachen/Transkriptionen:

1   Spanisch

Landschaften:

Orinocotiefland (dt)

Vereinigte Arabische Emirate

Amtssprachen: Arabisch

Empfohlene Sprachen/Transkriptionen:

1   Arabisch/Arabisch AKO

Siedlungen:

Abu Dhabi (dt), Abu Sabi (End)

Dubai (End)

Vereinigte Staaten

Gebiete ohne abweichende Regelungen

Amtssprachen: Englisch

Empfohlene Sprachen/Transkriptionen:

1   Englisch

Besonderheiten:
Namen von Flüssen: Das Wort *River* soll nur dann entfallen, wenn der davor stehende Namensbestandteil schon für sich allein den betreffenden Fluß benennt, z.B. *Ohio* (nicht *Ohio River*), aber *James River* (nicht *James*).

Amerikanisch-Samoa

Amtssprachen: Samoanisch, Englisch

Empfohlene Sprachen/Transkriptionen:

1   Samoanisch

Hawaii

Amtssprachen: Englisch, Hawaiianisch

Empfohlene Sprachen/Transkriptionen:

1   Englisch

New Mexico

Amtssprachen: Englisch, Spanisch

Empfohlene Sprachen/Transkriptionen:

1   Englisch

Puerto Rico

Amtssprachen: Spanisch, Englisch

Empfohlene Sprachen/Transkriptionen:

1   Spanisch

Berge, Gebirge:

Alaskakette (dt)

Aleutenkette (dt)

Alleghenygebirge (dt)

Appalachen (dt)

Bighornberge (dt)

Bitterrootkette (dt)

Blaue Berge (dt)

Brookeskette (dt)

Coloradoplateau (dt)

Columbiaplateau (dt)

Cumberlandplateau (dt)

Kaskadengebirge (dt)

Küstenkette (dt), *anstatt:* Coast Range

Laramiegebirge (dt)

Ozarkplateau (dt)

Sacramentogebirge (dt)

San-Bernardino-Gebirge (dt)

Wasatchkette (dt)

Wrangellgebirge (dt)

Gewässer:

Big Sioux River (End), *anstatt:* Big Sioux

Bighorn River (End), *anstatt:* Bighorn

Cheyenne River (End), *anstatt:* Cheyenne

Des Moines River (End), anstatt: Des Moines

Eriesee (dt)

Große Seen (dt)

Großer Salzsee (dt)

Huronsee (dt), *auch:* Huronensee (dt)

James River (End), *anstatt:* James

Kleiner Colorado (dt)

Lake Powell (End), *anstatt:* Glen-Canyon-Stausee

Lake Sakakawea (End), *anstatt:* Garrisonstausee

Leech Lake (End), *anstatt:* Itascastausee

Michigansee (dt)

Niagarafälle (dt)

North Canadian River (End), *anstatt:* North Canadian

North Plate River (End), *anstatt:* North Plate

Oberer See (dt)

Ontariosee (dt)

Plate River (End), *anstatt:* Plate

Powder River (End), *anstatt:* Powder

Red Lake (End), *anstatt:* Upper Red Lake *und* Lower Red Lake

Red River (End), *anstatt:* Red

Republican River (End), *anstatt:* Republican

Sabine River (End), *anstatt:* Sabine

Saint Francis River (End), *anstatt:* Saint Francis

Salt River (End), *anstatt:* Salt

Saltonsee (dt)

San Juan River (End), *anstatt:* San Juan

Sankt-Lorenz-Strom (dt)

Smoky Hill River (End), *anstatt:* Smoky Hill

Snake River (End), *anstatt:* Snake

Solomon River (End), *anstatt:* Solomon

South Plate River (End), *anstatt:* South Plate

Trinity River (End), *anstatt:* Trinity

Yellowstone River (End), *anstatt:* Yellowstone

Inseln:

Aleuten (dt)

Alexanderarchipel (dt)

Amerikanische Jungferninseln (dt)

Andreanowinseln (dt)

Diomedesinseln (dt)

Fuchsinseln (dt), *anstatt:* Foxinseln

Hawaii-Inseln (dt)

Johnstonsatoll (dt)

Kodiakinsel (dt)

Marianen (dt)

Midway-Inseln (dt)

Nahe Inseln (dt), *anstatt:* Nearinseln

Ratteninseln (dt), *anstatt:* Ratinseln

Samoa-Inseln (dt)

Schumagininseln (dt)

Kaps:

Kap Canaveral (dt)

Kap Cod (dt)

Kap Fear (dt)

Kap Flattery (dt)

Kap Lisburne (dt)

Kap Lookout (dt)

Kap Mendocino (dt)

Kap Sable (dt)

Point Arguello (End), *anstatt:* Cape Arguello

Point Barrow (End), *anstatt:* Kap Barrow

Prinz-von-Wales-Kap (dt)

Landschaften (einschließlich Teilstaaten):

Alaskahalbinsel (dt)

Atlantische Küstenebene (dt)

Death Valley (End), *anstatt:* Todestal

Golfküstenebene (dt)

Großes Becken (dt), *anstatt:* Great Basin

Kalifornien (dt)

Kalifornisches Längstal (dt)

Mojavewüste (dt)

Prärien (dt)

Sewardhalbinsel (dt)

Sonorawüste (dt), *anstatt:* Gilawüste

Landschaften (einschließlich teilunabhängiger Territorien):

Amerikanisch-Samoa (dt)

Nördliche Marianen (dt)

Pässe:

Cheyennepass (dt), *anstatt:* Crow-Creek-Pass

Chilkootpass (dt)

Donnerpass (dt)

Marias-Pass (dt)

Stevens-Pass (dt)

Sonstiges:

Canyonlands-Nationalpark (dt)

Dinosaurier-Nationaldenkmal (dt)

Everglades-Nationalpark (dt)

Grand-Canyon-Nationalpark (dt)

Grand-Coulee-Staudamm (dt)

Malaspinagletscher (dt)

National-Bridges-Nationaldenkmal (dt), *anstatt:* Rainbow Bridge National Monument

Nez-Percé-Indianerreservation (dt)

Olympic-Mountains-Nationalpark (dt), *anstatt:* Olympic National Park

Uintah- und Ouray-Indianerreservation (dt)

Wind-Cave-Nationalpark (dt), *anstatt:* Custer State Park

Yosemite-Nationalpark (dt)

Vereinigtes Königreich

Gebiete ohne abweichende Regelungen

Amtssprachen: Englisch

Empfohlene Sprachen/Transkriptionen:

   1   Englisch

Besonderheiten:
In Schottland sind neben den englischen auch gälische Siedlungsnamen amtlich. Es empfiehlt sich, sie auf der Karte nach Schrägstrich hinzuzufügen.

Gibraltar

Amtssprachen: Englisch, Spanisch

Empfohlene Sprachen/Transkriptionen:

   1   Englisch
   2   Spanisch

Kanalinseln

Amtssprachen: Englisch, Französisch

Empfohlene Sprachen/Transkriptionen:

   1   Englisch

Man

Amtssprachen: Englisch, Manx

Empfohlene Sprachen/Transkriptionen:

   1   Englisch

Wales

Amtssprachen: Englisch, Kymrisch

Empfohlene Sprachen/Transkriptionen:

   1   Englisch
   2   Kymrisch

Besonderheiten:
In Wales sind neben den englischen auch walisische Siedlungsnamen amtlich. Es empfiehlt sich, sie auf der Karte nach Schrägstrich hinzuzufügen, z.B. *Cardiff / Caerdydd.*

Berge, Gebirge:

Grampian Mountains (End), *anstatt:* Grampians

Kambrisches Gebirge (dt)

Kumbrisches Bergland (dt)

Nicht aufzunehmen: Nordschottisches Bergland

Penninische Kette (dt)

Nicht aufzunehmen: Südschottisches Bergland

Gewässer:

Themse (dt), Thames (End)

Inseln:

Äußere Hebriden (dt)

Bermudainseln (dt)

Britische Inseln (dt)

Britische Jungferninseln (dt)

Caicosinseln (dt)

Caymaninseln (dt)

Chagosinseln (dt)

Falklandinseln (dt) / Malvinen (dt)

Goughinsel (dt)

Großbritannien (dt)

Innere Hebriden (dt)

Irland (dt)

Kanalinseln (dt)

Orkneyinseln (dt)

Ostfalkland (dt)

Sankt Helena (dt)

Scillyinseln (dt)

Shetlandinseln (dt)

Südgeorgien (dt)

Südliche Sandwichinseln (dt)

Turksinseln (dt)

Westfalkland (dt)

Kaps:

Kap Wrath (dt)

Landschaften:

Großbritannien (dt)

Nicht aufzunehmen: Highlands, *Anm.: weil Oberbegriff*

Nordirland (dt)

Schottland (dt)

Vietnam

Amtssprachen: Vietnamesisch

Empfohlene Sprachen/Transkriptionen:

  1   Vietnamesisch

Besonderheiten:

Lateinschriftig. Von den mit diakritischen Zeichen versehenen Buchstaben sind zu verwenden: Ă, ă; Â, â; Đ, đ; Ê, ê; Ô, ô; Ơ, ơ; Ư, ư. Es empfiehlt sich, zusätzliche diakritische Zeichen (Tonzeichen) wegzulassen, nämlich ˋ ˊ ˀ ̃.

Gewässer:

Roter Fluss (dt), Sông Hông (End)

Schwarzer Fluss (dt), Sông Đa (End)

Kaps:

Kap Bai Bung (dt)

Landschaften:

Kotschinchina (dt)

Tonkin (dt)

Siedlungen:

An Nhon (End), *anstatt:* Binh Đinh

Cân Tho (End)

Đa Lat (End)

Đa Năng (End)

Hai Phong (End)

Hanoi (End)

Hô-Chi-Minh-Stadt (dt), Thành Phô Hô Chí Minh (End), [Saigon] (dt)

Huê (End)

Qui Nhon (End)

Weißrussland

Amtssprachen: Weißrussisch, Russisch

Empfohlene Sprachen/Transkriptionen:

  1   Weißrussisch/Kyrillisch AKO

  2   Russisch/Kyrillisch AKO

Berge, Gebirge:

Weißrussischer Landrücken (dt), *anstatt:* Westrussischer Landrücken

Gewässer:

Dnjapro (weißruss End) / Dnjepr (russ End)

Njemen (dt), Njoman (weißruss End) / Neman (russ End)

Pripjet (dt), Prypjaz (weißruss End) / Pripjat (russ End)

Westliche Dwina (dt), Sachodnjaja Dswina (weißruss End) / Zapadnaja Dwina (russ End)

Wiallia (weißruss End) / Wilija (russ End), *Anm.: Unterlauf in Litauen:* Neris (End)

Landschaften:

Polesien (dt)

Pripjetsümpfe (dt)

Inseln:

Zypern (dt)

Siedlungen:

Nikosia (dt), Lefkosia (gr End) / Lefkoşa (türk End)

Westsahara

Amtssprachen: Arabisch

Empfohlene Sprachen/Transkriptionen:

1   Arabisch/ Arabisch AKO

Zentralafrikanische Republik

Amtssprachen: Sango, Französisch

Empfohlene Sprachen/Transkriptionen:

1   Sango

2   Französisch

Gewässer:

Schari (dt)

Landschaften:

Asandeschwelle (dt)

Zypern

Nordteil

Amtssprachen: Türkisch, Griechisch

Empfohlene Sprachen/Transkriptionen:

1   Türkisch

2   Griechisch/Griechisch Duden

Südteil

Amtssprachen: Griechisch, Türkisch

Empfohlene Sprachen/Transkriptionen:

1   Griechisch/Griechisch Duden

2   Türkisch

Auf mehrere Staaten aufgeteilte Großregionen

Besonderheiten:
Diese Namenliste enthält im Dt. gebräuchliche und für Karten empfohlene Benennungen großräumiger Objekte (wie Kontinentteile, Großlandschaften, Inselgruppen, Gebirgszüge), an denen mehrere – in der Regel drei oder mehr – Staaten Anteil haben. Solche geographische Objekte sind in den Namenlisten der einzelnen Länder nicht enthalten. Es versteht sich, dass diese Aufzählung nicht etwa eine vollständige naturräumliche Gliederung wiedergibt.

Berge, Gebirge:

Alpen

Anden, *auch:* Kordilleren

Ardennen

Atlas

Bergland von Guayana

Beskiden

Dinarisches Gebirge

Hagengebirge

Himalaja

Karakorum

Karpaten

Kaukasus

Kordilleren, *Anm.: Nord- und Südamerika*

Mitumbakette

Rheinisches Schiefergebirge

Skandinavisches Gebirge

Inseln:

Antillen, *anstatt:* Westindien

Große Antillen

Inseln über dem Winde

Inseln unter dem Winde

Karibik, *auch:* Westindien

Kleine Antillen

Malaiischer Archipel

Melanesien

Mikronesien

Polynesien

Sundainseln

Landschaften:

Afrika

Amazonastiefland

Amerika

Antarktika

Antarktis

Apenninenhalbinsel

Arabien, *auch*: Arabische Halbinsel

Arktis

Asien

Balkanhalbinsel

Baltikum

Baltischer Landrücken

Europa

Große Arabische Wüste, *auch:* Rub al-Chali

Großes Ungarisches Tiefland

Hinterindien

Hochland von Adamaua

Hochland von Iran

Iberische Halbinsel, *auch:* Pyrenäenhalbinsel

Kleinasien

Kleines Ungarisches Tiefland

Kongobecken

Kurdistan

Lateinamerika

Lundaschwelle

Makedonien, *auch:* Mazedonien

Malaiische Halbinsel

Mesopotamien

Mittelamerika

Mitteleuropa

Naher Osten

Niederguinea

Niederguineaschwelle

Nigerbecken

Nordafrika

Nordamerika

Norddeutsches Tiefland

Nordeuropa, *auch:* Skandinavien

Oberguinea

Oberguineaschwelle

Ostafrika

Ostafrikanischer Graben

Ostafrikanisches Seenhochland

Ostasien

Osteuropa

Osteuropäisches Flachland

Ozeanien

Pannonisches Becken

Sahara

Sahel

Skandinavische Halbinsel

Sklavenküste

Südafrika

Südafrikanisches Hochland

Südamerika

Sudan

Südasien

Südeuropa

Südliches Afrika, *auch:* Südafrika

Südostasien

Südosteuropa, *auch:* Balkan

Syrische Wüste

Thrakien

Tiefland von Turan

Tschadbecken

Turkestan

Vorderasien, *auch:* Südwestasien, *auch:* Naher Osten

Vorderindien

Westafrika

Westeuropa

Westturkestan

Yucatan

Zentralafrika

Zentralasien

Meere und Meeresteile

Besonderheiten:
Von den im Zuge der vorliegenden Arbeit erfassten Meeren und Meeresteilen sind in dieser Namenliste diejenigen angeführt, für die eine dt. Benennung verwendet werden soll. Die Namenlisten der einzelnen Länder enthalten keine Namen von Meeren und Meeresteilen; dies besagt nichts über deren allfällige Zugehörigkeit zu staatlichen Hoheitszonen. – Benennungen untermeerischer Reliefformen sind nicht Gegenstand dieser Arbeit; nur einige wichtige Bänke sind nachstehend dennoch angeführt. Im Übrigen wird diesbezüglich verwiesen auf: Gazetteer of Geographic Names of Undersea Features, hrsg. von International Hydrographic Organisation and Intergovernmental Oceanic Commission, Monaco, 1988. Die darin angegebenen englischen und französischen Benennungen lassen sich im Allgemeinen problemlos ins Dt. übertragen.

Abashiribucht

Adria, *auch:* Adriatisches Meer

Ägäis, *auch:* Ägäisches Meer

Albemarlesund

Ambrakischer Golf, *anstatt:* Golf von Arta

Amundsengolf

Amundsensee

Anadyrgolf

Andamanensee

Arabisches Meer

Arafurasee

Argolischer Golf, *anstatt:* Golf von Nauplion

Ärmelkanal, *auch:* Der Kanal

Asowsches Meer

Atlantischer Ozean

Baffinbai

Bahía Blanca, *anstatt:* Bucht von Bahía Blanca

Baidaratabucht

Baie des Chaleurs, *anstatt:* Chaleur Bay

Bandasee

Barentssee

Bass-Straße

Beaufortsee

Belle-Isle-Straße

Bellinghausensee

Beringmeer

Beringstraße

Bo Hai, *anstatt:* Golf von Bohai

Boothiagolf

Bosporus

Bottensee, *Anm.: Südteil des Bottnischen Meerbusens*

Bottenwiek, *Anm.: Nordteil des Bottnischen Meerbusens*

Bottnischer Meerbusen

Bristolkanal

Bucht von Almira

Bucht von Kandalakscha

Bucht von Mirabello

Bungostraße

Cabotstraße

Carpentariagolf

Celebessee

Chatangabucht

Cookstraße

Cumberlandsund

Dänemarkstraße

Danziger Bucht

Dardanellen

Davisstraße

Deasestraße

De-Long-Straße

Delphin-Union-Straße

Deutsche Bucht

Doggerbank

Drakestraße

d'Urville-See

Dwinabucht

Fehmarnbelt

Nicht aufzunehmen: Fidschisee

Finnischer Meerbusen

Floridastraße

Formosastraße

Foxebecken

Frisches Haff

Gelbes Meer

Georgiastraße

Golden Gate, *anstatt:* Goldenes Tor

Goldenes Horn

Golf von Aden

Golf von Akaba

Golf von Alaska

Golf von Antalya

Golf von Asinara

Golf von Bengalen

Golf von Biscaya

Golf von Cádiz

Golf von Cagliari

Golf von Campeche

Golf von Castellammare

Golf von Cenderawasih

Golf von Darién

Golf von Genua

Golf von Guayaquil

Golf von Guinea

Golf von Hagion Oros, *anstatt:* Singitischer Golf

Golf von Honduras

Golf von İskenderun

Golf von Kalifornien

Golf von Kassandra, *anstatt:* Toronaischer Golf

Golf von Khambhad

Golf von Korinth

Golf von Liaodong

Golf von Manfredonia

Golf von Martaban

Golf von Mexiko

Golf von Neapel

Golf von Oman

Golf von Panama

Golf von Patras

Golf von Policastro

Golf von Saint-Malo

Golf von Salerno

Golf von Saloniki

Golf von Sant'Eufemia

Golf von Setœbal

Golf von Spartivento

Golf von Squillace

Golf von Tarent

Golf von Tehuantepec

Golf von Thailand, *anstatt:* Golf von Siam

Golf von Tomini

Golf von Tongking

Golf von Triest

Golf von Valencia

Golf von Venedig

Golfe du Lion [Löwengolf]

Greifswalder Bodden

Große Australische Bucht

Große Bahamabank

Große Syrte

Großer Belt

Hangchoubucht

Hanöbucht

Hecatestraße

Helgoländer Bucht

Hudsonbai

Hudsonstraße

Inlandsee

Ionisches Meer

Irische See

Isebucht

Jadebucht

Japangraben

Japanisches Meer / Ostmeer

Javasee

Jenisseibucht

Jonessund

Juan-de-Fuca-Straße

Kagoshimabucht

Kalmarsund

Karasee

Karastraße

Karibisches Meer

Karimatastraße

Karkinitbucht

Kattegat

Keltische See

Kennedykanal

Kieler Bucht

Kiistraße

Kleine Syrte

Kleiner Belt

Kolabucht

Kolymabucht

Königin-Charlotte-Straße

Königin-Charlotte-Sund

Korallenmeer

Koreastraße

Kotzebuesund

Kretisches Meer

Kurisches Haff

Kyparissischer Golf

Kythirastraße

Labradorsee

Laholmbucht

Lakonischer Golf

Lancastersund

La-Pérouse-Straße

Laptewsee

Laptewstraße

Levantisches Meer

Ligurisches Meer

Lübecker Bucht

Luzonstraße

Magellanstraße

Makassarsee

Makassarstraße

Malakkastraße

Marmarameer

Mc-Clure-Straße

Melvillesund

Messenischer Golf

Mittelmeer, *auch:* Mittelländisches Meer

Molukkensee

Moskitogolf

Motowsker Bucht

Mutsubucht

Nansensund

Neufundlandbank

Nordkanal

Nördlicher Golf von Euböa

Nördliches Eismeer

Nordsee

Nortonsund

Obbucht

Ochotskisches Meer

Olenjokbucht

Onegabucht

Öresund

Ostchinesisches Meer

Östlicher Koreagolf

Ostsee

Ostsibirische See

Osumistraße

Pagasäischer Golf, *anstatt:* Golf von Wolos

Palkstraße

Pamplicosund

Pazifischer Ozean, *auch:* Stiller Ozean, *anstatt:* Großer Ozean

Persischer Golf / Arabischer Golf

Pommersche Bucht

Rigaer Meerbusen

Ross-See

Rotes Meer

Sagamibucht

Salton Sea, *anstatt*: Saltonsee

San-Jorge-Golf

Sankt-Georgs-Kanal

Sankt-Lorenz-Golf

San-Matías-Golf

Sargassosee

Saronischer Golf, *anstatt:* Golf von Ägina

Schelichowbucht

Schwarzes Meer

Schweinebucht

Seinebucht

Skagerrak

Skäldervik, *anstatt:* Skälderbucht

Smithsund

Stettiner Haff

Straße von Bonifacio

Straße von Dover

Straße von Gibraltar

Straße von Hainan

Straße von Hormus

Straße von Kertsch

Straße von Messina

Straße von Mosambik

Straße von Otranto

Straße von Sizilien

Strymonischer Golf

Südchinesisches Meer

Sulusee

Sundasee

Sundastraße

Surugabucht

Tasmansee

Tatarensund

Thermaischer Golf

Timorsee

Toyamabucht

Tscheschabucht

Tschuktschensee

Tsugarustraße

Tsushimastraße

Tyrrhenisches Meer

Uchiurabucht

Udabucht

Viktoriastraße

Wakasabucht

Walfischbai

Wattensee

Wedellsee

Weißes Meer

Westlicher Koreagolf

Wilkizkistraße

Wrigleygolf

Yucatánstraße

Verzeichnis der Autoren

Back Otto, Dr. Hon.-Prof.

Romanist und Slawist, zuletzt tätig am Institut für Sprachwissenschaft der Universität Wien,
1080 Wien, Laudongasse 20

Birsak Lukas, Mag. Dr., Leiter der Arbeitsgruppe

Kartograph, Leiter des Verlags Ed. Hölzel,
1230 Wien, Jochen-Rindt-Straße 9,
E-Mail: birsak@hoelzel.at

Duschanek Michael, Mag. wHR

Bibliothekar und Historiker, Leiter der Kartensammlung der Niederösterreichischen Landesbibliothek,
3109 Sankt Pölten, Landhausplatz 1, Haus Kulturbezirk 3,
E-Mail: michael.duschanek@noel.gv.at

Hausner Isolde, Dr. Prof.

Germanistin, zuletzt tätig am Institut für Österreichische Dialekt- und Namenlexika der
Österreichischen Akademie der Wissenschaften,
1040 Wien, Wohllebengasse 12-14,
E-Mail: isolde.hausner@oeaw.ac.at

Jordan Peter, Dr. Univ.-Doz. Prof. h.c. HR, Vorsitzender der AKO

Geograph und Kartograph, Institut für Stadt- und Regionalforschung der
Österreichischen Akademie der Wissenschaften,
1010 Wien, Postgasse 7/4/2,
E-Mail: peter.jordan@oeaw.ac.at

Kretschmer Ingrid († 2011), Dr. Univ.-Prof.

Kartographin, zuletzt tätig am Institut für Geographie und Regionalforschung der Universität Wien